人生一般二相対論

須藤 靖

東京大学出版会

La vie en relativité générale
Yasushi SUTO
University of Tokyo Press, 2010
ISBN978-4-13-063354-3

人生一般ニ相対論

目次

基礎編 1

海底人の世界観 3

外耳炎が誘う宇宙観の変遷 19

都会のネズミと田舎のネズミ 33

ガリレオ・ガリレオ 45

レレレのシュレーヂンガー 57

一般二相対論 71

ニュートン算の功罪 85

目に見えないからこそ大切 101

オフリミット 113

物理とカラオケ 127

応用編 … 141

土曜の昼，午後3時半 … 143

高校物理の教科書 … 153

東京大学大学院理学系研究科物理学専攻 … 165

天文学就職事情 … 181

問題編 … 189

復習問題25 … 191

ちょっと長いあとがき … 197

初出一覧 … 205

基礎編

海底人の世界観

私は理学部物理学科の所属である．専門は何かと詰問される場合には，とりあえず宇宙論と答えることにしている*1．そのせいか最新の宇宙観をテーマとした講演をする機会があるが，気がつくと「人間原理」なるものをしゃべっていることが多い．理由は単純．聴衆の多くに興味を持って聞いて頂けるからである．

　この人間原理を一言でまとめれば「この宇宙が奇跡的にも思えるようなある種の秩序や法則を有しているのは人間が存在しているからにほかならない」となる*2．このようにおよそ科学的とは思い難く舌足らずな表現だけではかえって誤解を生むかもしれない．そのためか講演後に，深い人生経験を積み重ねてきたであろう年配の方々から鋭い質問，厳しい批判，さらにはお小言めいた深いご意見まで拝聴する幸運を得ることもある*3．実際，人間原理はさまざまに解釈できるあいまいな概念であり，なかには

---

*1　念のために付け加えておくと，業界人の間では宇宙論 (cosmology) と宇宙物理学 (astrophysics) とは明確に使い分けられている．宇宙物理学とはまさに宇宙に存在するあらゆる階層の天体，さらにはそれらを舞台とするさまざまな天体物理現象を研究する学問である．一方，個々の天体ではなくそれらを包含する宇宙そのものの起源と進化を研究するのが宇宙論である．たとえば，太陽，恒星，惑星などの研究は慣習として宇宙論とは呼ばない．一方，天文学と宇宙物理学あるいは天体物理学という用語が指す意味の違いはあいまいである．かつては，天文学とは主として天体を対象とした研究，宇宙物理学あるいは天体物理学はそこで起こる物理過程の解明を目的とした研究，というニュアンスの違いがあったようにも思えるが，現在はほとんど区別なく同意語として使っていると言ってよかろう．

*2　拙著『ものの大きさ』「第6章 人間原理」（東京大学出版会，2006年）にくわしい解説がある．

*3　科学に関する一般講演会の聴衆の平均年齢は極めて高い．若者の理科離れが叫ばれて久しい一方で，定年を迎えられた方々の知的好奇心の高さには目をみはるものがある．土曜日の午後，東大駒場で理学部主催一般講演会を依頼されたときのこと．打ち合わせのために1時間30分前に会場に着いたのだが，小雨にもかかわらず，すでに列をなして入場を待っていた年配の方々がたくさんいたことにまず驚かされた．実際に会場に入ってみると，先生方と10人程度の学生が座っている．スタッフの打ち合わせかと思ったのだが，実は駒場の1，2年生を対象とした理学部説明会であったらしい．今度は最近の学生の科学に対する興味の低さに驚かされた．

ひどく曲解されている場合もあるようだ．そこで，我々とは異なる世界の住人の立場に思いを馳せることで，人間原理の本来の教義とその限界について謙虚に考察してみたい．

　その準備として，まずは我々地球人がいかにして現在の世界観を獲得するに至ったのか，簡単にその歴史を振り返ってみよう．世界観醸成の最初の原点は自分自身以外にはあり得ない．この原点をどこまで一般化できるかが，到達した世界観の普遍性を決定する．古代ギリシャ，インド，中国の世界観がいずれも地球中心であるのも無理はない．しかし，幸いなことに我が地球には夜があり，そこから見える星空は地球以外の世界の存在を語りかけてくれる．

　水金火木土の惑星の運動を通じて，ニコラウス・コペルニクスは世界の中心が地球ではなく太陽であることに気がついた．ティコ・ブラーエの残した精密な惑星運動のデータをもとに，ヨハネス・ケプラーは有名なケプラーの3法則を発見した．アイザック・ニュートンはこのケプラーの法則が重力の逆二乗則によって説明できることを示し，ここにニュートン力学的世界観の誕生となる．すなわち，天空の月であろうと地上の林檎であろうと，すべては同一の自然法則に支配されていることが明らかにされたのだ．

　アルバート・アインシュタインは一般相対論によって，このニュートン力学のさらなる一般化に成功したが，この理論の正しさを認めさせたのは，日食の際の背景星の位置のずれの測定から導かれた「光も重力を受けて曲がる」という観測事実であった．ほ

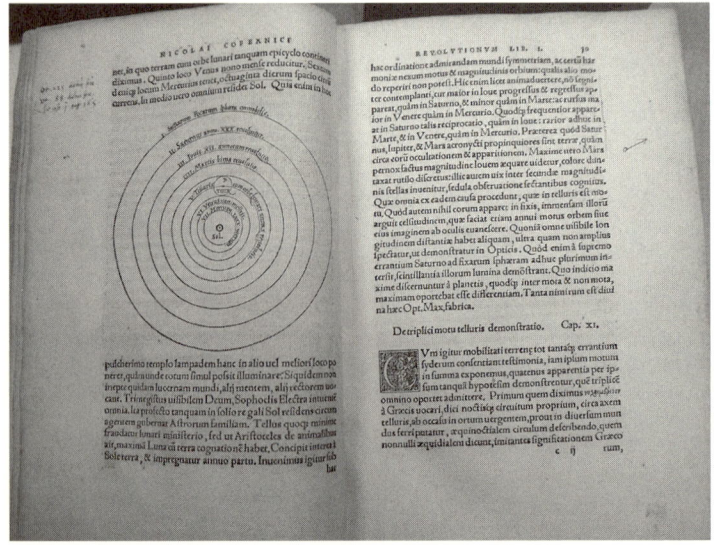

図1 ニコラウス・コペルニクス『天球の回転について』(*De revoltionibus orbium coelestium*, 1543 年). 英国エジンバラ王立天文台図書室クロフォードコレクション (本書「ガリレオ・ガリレオ」を参照).

ぼ同時期にハーロー・シャプレーは変光星[*4]の観測により太陽は銀河系の中心に位置していないことを見抜き,さらにハッブルは遠方に観測される淡い「星雲」は,実は我々の銀河系と同じく無数の星の集まりとしての銀河であることを示した.とすれば,我々の銀河系が世界の中心であると考える必然性はもろくも失われてしまう.さらにこの考えを先鋭化すれば,宇宙には中心がない,言い換えれば,すべての銀河が平等に宇宙の中心であるとする究極の民主主義に思い当たる.この思想は「宇宙原理」と呼ばれ,上述の一般相対論と組み合わせることで,膨張する宇宙,さ

---

*4 周期的に明るさが変化する星.

図2 ティコ・ブラーエ『天文学観測装置』(*Astronomiae instauratae mechanica*, 1598年). 英国エジンバラ王立天文台図書室クロフォードコレクション.

らにはビッグバン宇宙モデルという標準理論が導かれる．かくして，地球を中心として発展した世界観は，宇宙には中心がないという普遍的なものにまで変貌した．

　実は話はまだ終わらない．このような宇宙において生命が誕生することは奇跡としか思えないのである．この奇跡には2種類ある．すでにヒトのゲノムの全配列が解読される時代にあっても人工的に生物を作ることができないことからわかるように，宇宙史・地球史の中で生命を誕生させることの困難さに対応する奇

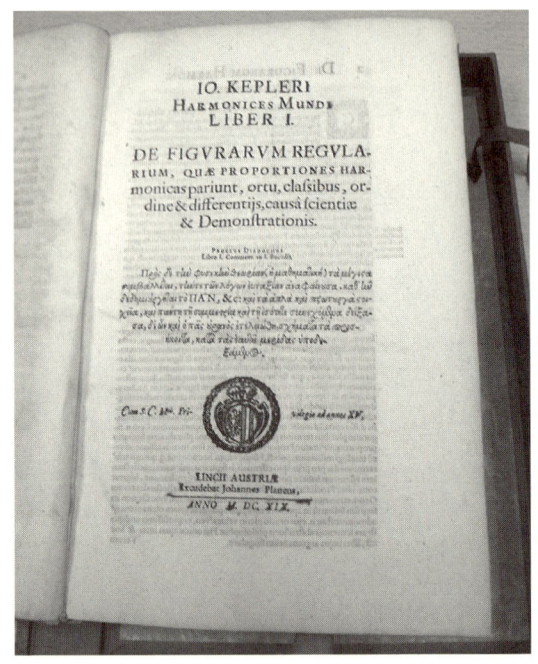

図3 ヨハネス・ケプラー『世界の調和』(*Harmonices Mundi*, 1619年). 英国エジンバラ王立天文台図書室クロフォードコレクション.

跡. もう一つは, 多くの基本物理定数[*5]が, 一見極めて高い精度でその値が微調整されているように思える結果, 我々の生命を作る原材料である元素の存在と安定性が保証されているという奇跡. とくに物理屋を悩ませるのは後者である. 微調整などという不自然さはその類の人々がもっとも嫌うものなのだ.

これらに対する解決案も2つに分類できる. その一つは, まだ我々が理解していない究極の理論があり, その理論のもとでは基本物理定数が持つべき値が一意的にかつ自然に説明できると

[*5] 光速度 c, ニュートンの重力定数 G, 素電荷 e など物理の基本法則に登場する次元を持った定数のこと.

いうもの．もう一つは全く逆に，基本物理定数の値はそもそも任意であり，特定の値を取る理由などないとするもの．しかし後者を認めてしまうと，我々の現実世界とは一致しないから困るではないか，と思われるであろう．その通りである．そこでいよいよ「人間原理」の登場となる．

　2つめの解決策に従って，仮に基本物理定数の値が任意の組み合わせであったとしよう．そのような宇宙は，ほとんどの場合生命を誕生させる必要条件を満足しない．たとえば仮に首尾よく誕生したとしても，すぐに収縮してしまうため我々が住んでいるような広大な宇宙につながらない．それとは逆に，あっという間に急激な膨張を起こしてしまい，ほとんど真空に近い空虚な宇宙になってしまう．あるいは地球上の生命の原材料となる有機物の中心元素たる炭素が形成されない，などなど．いずれも生命の誕生にとって致命的だと思われるような条件を持つ宇宙になってしまうのである．それらの中で，ほとんど奇跡的とも言えるような特殊な基本物理定数の値の組み合わせを持つ宇宙がたまたま生まれた場合に限り，生命が誕生しやがて高度な知的生命へと進化した結果，文明が盛える……．

　ここでよく考えてみよう．これらの可能性を吟味すれば，本来は知的生命が誕生し得ないような宇宙でこそ，基本物理定数は極めて自然な値を取っていることになりそうだ．それこそ普通のあるいは平均的な宇宙と呼ぶに相応しい．しかしながらそのような宇宙には「なるほど，もっともだ」と納得してくれるような知性は存在していないのである．逆にそのような平均的な性質とはかけ離れたような不自然な値の組を持つ宇宙においてのみ，「一体全体なぜこのような奇跡的な微調整がなされているのだろう

か？」と疑問を持つ輩[*6]が存在し，声高に疑問を投げかけるわけだ．逆に言えば，知的生命が存在している宇宙は必ず不自然な基本物理定数を持っていることになる．かくして我々の住む世界の「不自然さ」はこのように「自然に」説明できる．めでたし，めでたし．これが人間原理の考え方の骨子である．

過去の偉大な学者達による思考の連鎖の歴史を経て，我々は世界観の原点を自分自身から地球，太陽，銀河系，我が宇宙内の任意の点，さらには，考え得るすべての異なる性質を持つ宇宙[*7]にまで敷衍することができた．しかし思い起こせばはるかな道のりであった．この世界観に至るまでの先達の知的格闘に思いをめぐらせば，感動のあまり涙すらこぼれてきそうになる[*8]．

ここらあたりであらかじめ正直に告白しておこう．私はこの人間原理が好きなのかもしれないことを．にもかかわらず，上のような理屈を初めて耳にしていきなり納得してしまう方がいたとすれば，この私ですら，よほど素直かあるいはおめでたい人，と形容せざるを得ない．振り込め詐欺にはくれぐれも注意するように忠告してあげたいところだ[*9]．

それはそれとして人間原理は何を説明してくれたのかについては熟慮を要する．そもそも何か予言能力はあるのか．その是非を検証することは可能なのだろうか．科学というよりも，日本国憲法第3章第20条「信教の自由」で保障されている何者かのほう

[*6] 一般に物理屋と呼ばれる人種であることが多い．
[*7] それらの集合をマルチバース，あるいはあまり良い訳語ではないが多宇宙と呼ぶことがある．
[*8] このような歴史的経緯を突きつけられてもまだ涙が出そうにない方は最近問題になっているドライアイ症候群である可能性を疑ってみたほうが良い．
[*9] 離れて暮らしているご子息がいらっしゃる方は，日ごろからこまめに電話をかけて経済状況をさりげなく把握されることをおすすめする．

に近いのではないか．だとすれば，「国及びその機関は，宗教教育その他いかなる宗教的活動もしてはならない」というその条文に照らして，東京大学の教員がこのような公の文書で人間原理を講ずるという布教まがいの行為は憲法違反なのではないか．その一方で，もはや「国立」ではない「国立大学法人」という意味不明な名前の組織になったからには私はその項に該当しないから別に問題ないのかもしれない．あふれでる数々の疑問はもはやとめようがない．

　私自身すでに話が完全に横道にそれてしまったことを自覚している．ここまで見放すことなくついて来てくださった数少ない奇特な読者の方々でさえ，本稿とそのタイトルにある「海底人」との関係を見失っていることは確実である．もはや「閑話休題」という安易な言葉でごまかせるようなレベルではない．そこで以下では，本筋とは関係ないおしゃべりの部分はすべて脚注に回すことで，本稿の論理の明確化を図ることにする．担当のＴ嬢からは，「脚注にするとほとんどの読者が読まない可能性があるので，本文にまわしてください」と注文がついたのだが，枝葉末節に見せかけておきながら実はさりげなく人生の深い教訓を含む話を脚注におくことで，むしろ本文を読まずとも脚注だけを眺めることで新たな世界観を得ることができるように配慮したつもりである[*10]．

　というわけでいよいよ海底人の世界観を考えるという，本来の趣旨にうつろう．まず，なぜ海底人なのか．我が地球において，

[*10] 実は『UP』に掲載時の初出では，この回のみ脚注ではなくすべて括弧書きになっている．次回以降はすべて脚注にすることにして，その代わり『UP』の不定期連載シリーズ「注文の多い雑文」と銘打つことにした．このようなことをぐたぐた書く必要があるとは全く思えないが，念のため書いてみた．

最初の生命がどこで誕生したかについてはまだ定説はない．しかし，深海底にある熱水噴出孔はその可能性の一つとされている．また，生命の誕生・進化にとって液体の水の存在は本質的であるとも考えられている．このため，中心星から遠からず近からず適度な距離にあり水が液体として存在できるような温度にある惑星は慣習として，「居住可能惑星（ハビタブルプラネット）」と呼ばれている[*11]．もちろん，太陽系の中でこの条件を満たしているのは地球だけである．

　地球上の動物進化史が，海から陸へという順であったことは確かである．木星の第6衛星エウロパはその氷の表面下に，数十kmの深さにも及ぶ液体の水を持っている可能性があるため，そこに何らかの生命が存在しているのではないかとまじめに検討している学者もいる．これらを総合すれば，海底に知的生命が発達したような「地球」を想像することは，必ずしも荒唐無稽というわけではない．そこで，我が地球の深海のどこかに海底人の文明社会があるものと仮定し，彼ら／彼女ら[*12]が到達したであろう世界観を想像してみたい．

　我々地球人の世界観形成において天文観測が本質的な役割をはたしてきたことを思い出せば，海底人が空を眺めることができな

[*11] もちろん，けっしてこの言葉を真に受けてはならない．表面温度が摂氏0度から100度の範囲にあるものと推定されているだけにすぎず，人類が安心してそこに居住できる可能性はないに等しい．惑星科学者たちは公正取引委員会から誇大広告として訴えられても仕方ない用語を使っているのだ．「こんにちは，○×エステートの田中でーす．今回，ハビタブルプラネット316bに格安の物件が出たのでご紹介いたします」といった電話が突然かかってきたらただちに「間に合っています」と言って切るべきである．一瞬であろうとも真剣に検討するようなことがあってはならない．

[*12] 近年アメリカでは，heだけでは差別的であるということでこのような場合he/sheと併記することが多い．それにならって，ここでも「彼ら」ではなく，「彼ら／彼女ら」と明記することにするが，海底人の性別は不明なので果たしてこの2種類だけで失礼に当たらないかは不安が残る．

いという事実はけっして無視できない意味を持つ*13．夜空に浮かぶ満天の星々に思いを馳せることなく，自らの世界観をどこまで相対化できるかは自明ではない．天動説や地動説という問題以前に太陽という存在すら知ることはできない．世界のすべては海底で尽きている．遠泳の得意な勇敢な冒険家が旅に出ることによって，海底が実は球面のように閉じていることまでは理解できるに違いない．地中海深海で生まれた海底人が，世界の果てを探す旅に出てインド洋深海に着いたつもりが太平洋だったということもあったに違いない．

　しかし，慣性の法則は知り得たであろうか．この地上ですら「力を加え続けない限り物体はやがて静止する」とするアリストテレス的運動観がガリレオによって打破されるには長い時間を要した．いわんや海中ではなおのこと．力を加えない物体がいつまでも運動し続けるのが真の姿などという考えなど生まれるはずがない．さらに，海中に林檎があるかどうか知らないが，運悪くあったとしてもそれは海深く落下するどころか海面へ上昇してしまうであろう．仮に天才ニュートンが海底に生息していたとしても，万有引力の法則を発見することはできなかったのではあるまいか．

　ニュートンの林檎の逸話を聞くたびに思い出すのは，私が大学院修士課程の時に在籍していた研究室の先生宛に来た手紙の書き出しである．いわく「ニュートンは林檎が落ちるのを見て万有

---

*13　最初，本稿のタイトルを「人魚姫の世界観」，あるいは「半魚人の世界観」としようかと思ったのだが，彼女ら／彼らは陸上生活も可能らしいので断念した理由はまさにここにある．ところで，半魚人と聞くと楳図かずおを思い出してしまうのは私のようなおじさん年代だけだろうか．また，ここでも厳密には「おじさん／おばさん」と書かなくては社会的に問題視されてしまうのであろうか．おばさんという言葉は社会的に認知されているのだろうか……．おじさんにも悩みは多いのだ．

引力を発見したとのことですが,私は風船が空に上るのを見て万有斥力の考えに思い当たりました.……」確か差出人は駒込のお弁当屋さんだったと記憶する.それから4半世紀が経過した.幸か不幸か私はいまだそのような手紙を頂いたことはない.いまやお弁当業界も熾烈な競争の時代.お弁当を作りながら空を見上げ,自然界の法則に思いを馳せることのできるような古き良き時代はもう帰ってこないのだろう.これはけっして他人事ではなく大学教員もまた状況は全く同じ.私の青春を返せ.昭和30年代万歳(意味不明).

話が完全に飛んでしまっているが,とにかくニュートン力学なくして一般相対論が生まれるわけもなく,惑星系,銀河系,系外銀河,ビッグバン宇宙,さらにはマルチバースなど非科学的な妄想以外の何物でもないはずだ.海底人にとっては深海から陸上にあがることは死を意味し,当然いかなる知的生命もそのような極限的環境のもとで存在できるなどとは夢にも思えまい.少なくとも我が地球上では,しばしば物理屋が哲学者に失礼な行動をとる事例が指摘されているらしい[*14].観測事実に頼ることなく純粋に思考のみでこの海底の上に広がる世界の真理に到達しつつあった海底人哲学者が海底人物理学者に対話を試みても,いきなり「物理学研究に哲学は必要ありません」とか失礼なことを言われて,せっかくの正しい世界観への道が閉ざされたりすることもあったのではないだろうか.

このように考えてくると,科学者は本質的に臆病・保守的であり,より大胆な想像をめぐらせる哲学者のような人種の助けな

---

*14 小林康夫『知のオデュッセイア』(東京大学出版会,2009年)第2歌を参照のこと.小林先生にはこの場を借りて,失礼をお詫びさせて頂きたい.

くしては，真理に到達し得ないのかもしれない．とすれば，現在我々がかなりいい線いっているのではないかとひそかに期待している「マルチバース＋人間原理的世界観」も，実はここで想像した海底人が持つであろう世界観と五十歩百歩で，真の姿には程遠い可能性があることを忘れてはならない．がんばれ哲学者！

さてここで述べた海底人の世界観は，アイザック・アシモフの出世作「夜来たる（Nightfall）」[*15]に刺激されて私なりに考えたものだ．言うまでもないことではあるが，アシモフの作品のほうがはるかに洗練されている．

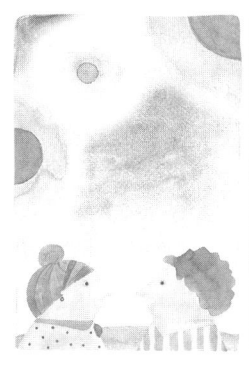

図 4　アイザック・アシモフ『夜来たる』のモチーフにもとづくイラスト
（作：羽馬有紗氏）

アシモフは，6つの太陽の周りをまわっており，つねに複数の太陽が空に昇っているためけっして夜にならない惑星「ラガッシュ」を考えた．しかしその惑星では過去数度にわたって2049年

---

*15　これは 1941 年に短編として発表されたが，その後共著として 1990 年に長編に改変され出版された．現在はいずれも絶版となっているものの邦訳も存在していた．アイザック・アシモフ著，美濃透訳『夜来たる』（早川書房，ハヤカワ文庫 SF，1986 年）．アイザック・アシモフ，ロバート・シルバーバーグ著，小野田和子訳『夜来たる　長編版』（東京創元社，1998 年）．

周期で文明が絶えた形跡がある．天文学者はこれが，たまたま一つの太陽だけが昇っているときに別の惑星が「日食」を起こしラガッシュが暗闇に閉ざされると解釈すればうまく説明できることに気づいた．あと1時間ほどでその食が起こる．一度も真の暗闇を体験したことのない人々はパニック寸前．闇を恐れるあまりすべてのものを燃やし尽くして何とか光を保とうとし，過去2000年以上にわたって積み上げてきた文明の痕跡が失われてしまう．しかし恐ろしいはずの皆既日食の瞬間現れたのは，狂気の暗闇ではなく夜空に輝く数万の星々だった．人々は初めて自分の世界観が真実とは全く異なっていたことを悟る．「我々は何も知らなかった（We didn't know anything）」ここで話は終わる．アシモフは無駄な脚注をつけて本筋を汚す愚は犯さない．

さて再び海底人の話に戻ろう．大胆な知的冒険を試みる海底人哲学者に耳を貸さない心ない海底人物理屋によって，その世界観は真の姿とはかけ離れた低いレベルに押しつぶされたままなのであろうか．そうとは思えない．この海底のずっと上には何があるのか解明したいという実験科学者は，必ずや海面上探査機を完成させるに違いない．そして，極度の低密度・低圧力で海水すらないといった海底人には致死的な環境であるはずの海上に，全く別の知的文明世界が広がっていることを発見するに違いない．そして，初めて見た満天の星空の下，「我々は何も知らなかった」と呆然としてつぶやくことだろう．ついに海底人社会に天文学者という階層が誕生する瞬間である[*16]．やがて海底人物理学者・天

[*16] アシモフの『夜来たる』における最大の謎は，2000年もの間夜が来ないにもかかわらず天文学者という階層が存在していることである．むろん彼らは太陽研究者なのであろうから，「昼間寝て夜起きている」と思われがちな我が地球の天文学者とは違い，規則正しい生活を送っているはずだ．といっても，ずっと昼間しかない世界で

文学者は高らかにこう宣言することであろう,「海底人世界観の形成に哲学は必要ない」と*17. がんばれ, 海底人!

は1日という概念もないだろうから, 規則正しいとは何を指す言葉かすら不明である. いずれにせよ, 私のような宇宙論屋という階層は存在していないはずである. このような職業に就いていながら (ほそぼそとはいえ) 給料すらもらえる生活を与えてくれるこの地球にはいくら感謝してもしきれるものではない.
*17 小林先生ごめんなさい (脚注14参照).

外耳炎が誘う宇宙観の変遷

久しぶりに下の娘と一緒にプール*¹ に行ったところ，耳に水が入ってしまったようだ．右耳に違和感があるので，耳鼻科に行こうかと考えた．家内に相談したところ，「そんなことぐらいで医者に行く必要はないのでは」という意見である．そんなやりとりをしているうちに，昔のことを思い出した．小学生のころは夏休みになると，ほとんど毎年 1 週間程度は「外耳炎」と診断され，耳鼻科に通っていた．その耳鼻科は驚くほど繁盛しており，夏休みには外耳炎，鼻炎，結膜炎，の子供でごった返していた．朝早く順番を取ってもさらに 2, 3 時間待ったあげくやっと数分間だけ治療してもらうというのが普通であった．小さな医院であったため，数十人の人が炎天下，建物の外のベンチに座って診察の順番が来るのを待っている，という異常な風景も当然のものとして受け入れていた．その中には同じクラスの同級生もつねに入れ替り立ち替り誰かはいたであろう．このような昔話を家内にしても，「ふーん」，とつれない様子で，一向に共感を呼ぶ気配がない．そもそも，耳鼻科で「外耳炎」などと診断されたことはないらしい．

そこで，40 年近く前の自分の経験が不思議に思えてきたのである．私の田舎の周辺 20 km 以内に耳鼻科を専門に開業していたのはその医院だけであった．したがって，そこでの体験がすなわち私にとっての耳鼻科という概念すべてなのである．はたして，私は 1 週間通院することが必要なほどの「外耳炎」であったのだろうか．もちろん，そこの先生の名誉のために申し添えて

---

*1 実は岩手県の「けんじパーク」という場所である．それだけのことで『UP』誌上では不定期連載シリーズ名を「注文の多い雑文」とこじつけた安直さは認めざるを得ない (「海底人の世界観」脚注 10 を参照).

おくと，その先生はとても熱心な良いお医者さんであった．数年前閉院された際には，私の母親など「40年にも及ぶ長い間家族がいろいろとお世話になりました」と，お礼のご挨拶を申し上げに参上したほどである．良い先生であるがゆえに，その判断は絶対である．真面目な先生が念のため「1週間通院してください」と宣告することは当然であり，それに従う以外の選択肢は（田舎には）ない[*2]．「その程度のことならほっておいても1週間もすれば自然に治るよ」などという不真面目な素人判断は，家族の健康をないがしろにする不届きな行為として糾弾されてしかるべきである．

　私の小学生時代には，風邪で医者に診てもらった際に注射をしてもらって帰ることが完全にお約束であった．それどころか，注射をしないような医者は，「あそこへ行ってもちゃんと診てくれない」とばかり評判が悪かった．もちろん，いまや通常の風邪で注射をするなど考えられない．さらに思い起こせば，小学校の予防注射では，あいうえおの出席番号順に1列に並ばされて，1本の注射器を使いまわして3，4人が接種を受けた．現在このように安易に注射がされないよう改善されたのは良いのだが，逆に副作用の問題がクローズアップされた結果として，麻疹が流行するなど予想外の社会的副作用を生んだりもした[*3]．

[*2] この文章が『UP』誌に掲載された際，私の母親が「コピーして先生のところに持って行く」と言い出したため，はなはだ困惑してしまった．彼女にはこの含蓄に富む行間を読み解く力が欠けているとしか思えない．

[*3] 折悪く2007年6月上旬に東大小柴ホールで研究会を主催した私は，大学受験時に難読単語としてのみ知っていたmeasles[ミーズル]と30年ぶりの再会をはたし，アメリカ人に事情を説明する際，発音に悪戦苦闘した．にもかかわらず，さすがに難読単語として知られているだけのことはあり，この原稿を書く際にはすっかりスペルを忘れてしまっていた．大学入試の英語で定期的にこの単語を出題し，ぜひとも受験生に「はしか」への注意を喚起して頂きたいものだ．

5 年ほど前，中学時代の友人達と 20 年ぶりに飲む機会があった．その際集まった 5 人の友人のうち，何と 3 人が C 型肝炎を経験したという話を聞いて驚いた．「人間 40 歳過ぎるといろいろとガタが来るよねえ」というたわいのない話の一つである．少しだけ付け加えておくと，この 5 人は全員苗字が「あ」行であった[*4]．

　さてすでに哲学者に嫌われている可能性の高い私としては[*5]，ここで日本医学界を敵に回すことなど考えられない．なんせ，「法医工文」の序列下[*6]でひっそりと生息している東京大学理学部物理学科教員[*7]にとって，哲学科のあるナンバー 4 の文学部ならまだしも，ナンバー 2 たる医学部の反感を買う恐れのある言動など厳に慎むべきことは十分承知している．したがって，引き出すべき結論はただ一つ．「常識は時間変化する」である．

　常識が時間変化するならば，場所によっても変化することは当然だ．これを指して，文化の違いという呼び方が用いられること

[*4] もちろん単なる偶然でしかない（と信じるものである）．
[*5] 本書「海底人の世界観」を参照のこと．
[*6] 拙著『ものの大きさ』（東京大学出版会，2006 年）4 ページ参照（何とそのくだりは Amazon の「なか見！検索」で購入することなくすべて読めてしまう）．またこれを序列とする解釈の是非はともかく，東京大学のホームページの中の学部一覧 (http://www.u-tokyo.ac.jp/index/c00_j.html)，および「学部便覧 4. 東京大学基本組織規則　第 4 章　教育研究部局　第一節　学部　第 23 条」(http://www.u-tokyo.ac.jp/stu04/pdf/e09_4_001.pdf) を見れば法医工文という順序が明確に定義されていることだけは確認できる．
[*7] 以前は「教官」と呼ぶのが普通であったのだが，独立行政法人化以後は「教員」と呼ぶことになったらしい．教官は，お上の学校の場合の名称で，私立大学ではもともと教員と呼んでいたという説明も受けた．30 年前に通った自動車学校では教官であったがいまは違うのだろうか？ 堀ちえみは『スチュワーデス物語』(TBS 系列，1983-1984 年) で，「教官！」を流行語としたはずなのであるが，これは（当時）N 航空が親方日の丸体質から脱却していなかったことを示唆していたのであろうか？ 2010 年 2 月時点で N 航空もなかなか大変な経営状況のようである．負けるな，N 航空！

も多い．東京出身の学生であるY君に「外耳炎」の話をしたところ，「中耳炎」は知っているのでそのような病名があることは論理的には推測できるがいまだかつて実際に用いられることを聞いたことはない，というこれまた極めて論理的な回答を得た．これも，東京と私の故郷[*8]の文化の違いと形容できるのかもしれない[*9]．さて，では日本からさらに遠い地域ではどうなのだろう．

2005年11月に東洋のベニスとも呼ばれる中国の周庄で研究会があり，10名近い学生・博士研究員を引き連れて参加した．文化を感じさせるすばらしい風景に豪華な食事が組み合わされた研究会であったのだが，運悪くその参加者の一人（仮に白田君と呼ぶことにしよう）が最後の夜のバンケットで食中毒になってしまった．教員としての責任上，（後ろ髪を引かれる思いで）最終日の蘇州への公式エクスカーションをキャンセルし，白田君（仮名）[*10]を上海市第六人民医院という大病院へと連れて行った．そこで経験した常識の地域差をご紹介したい．

幸いなことに中国の大学院生李君が終始付き添ってくれたおかげで，病院内でのコミュニケーション上の問題はなかった．まず初めに李君が受付で簡単に白田君（仮名）の症状を説明して登録した後，ただちに会計へ向かう．医療費は「前払い」なのであ

[*8] 高知県安芸市．
[*9] 後日このネタを披露したところ，姫路出身のYさんがさらに驚くべき実体験を教えてくれた．初診で外耳炎と診断されたので気長に通院していたのだが，痛いのがなかなか治らない．ある日，いつも担当してもらっているおじいさん先生が休みだったので，若い先生に診てもらったところ「あんたー，何しにここに来てるん？ 耳きれいやでー！」．結局，外耳炎ではなく，実は顎関節症だったとのこと．外耳炎ネタは全国各地にころがっているらしい．
[*10] 仮名であるにもかかわらず振り仮名がついている理由は不明である．

図1　東洋のベニス，周庄の風景

る．診察代に対応するレシートを持参して，内科の診察室で受付をする．診察の結果，まずは血液検査をするようにとのこと．もちろん再び会計へ戻り検査料を前払いした上で，血液検査室へ行き検査をしてもらいその結果を持ってもう一度診察室へ．なかなか面倒である．結局，医者からは点滴をするようにと言い渡された．私は個人的には躊躇したのだが，白田君（仮名）はいまの気持ち悪さが解消するのであれば是非ともやりたいとのこと．というわけで，はるか上海の地で白田君（仮名）の点滴付き添い経験をすることとなった．

図2 周庄の川べりで勉強していた小学生の教科書．取り扱われている題材が興味深い．

　もちろん，患者が最初にすることは点滴液の購入である．「ちょっと待っていてください」と言い残してどこかに去って行った李君は[*11]，コンビニ袋のようなものを携えて再登場．その中には，処方箋にしたがって購入した点滴グッズが入っていた．私は，点滴とはベッドに横たわっているような重病人がするものとばかり思い込んでいたのだがそれは大間違いであった．点滴専用室に入室すると，大きな部屋の壁際に50個程度の椅子が番号をつけられて，びっしり整然と並んでいる．看護婦さんに点滴グッズを渡し，自分の座っている椅子の番号を告げる．順番を待っているとやがて彼女が点滴のセットアップをしてくれるという次第

[*11] 当たり前かもしれないが，彼の発言は日本語でされたわけではないが，便宜上日本語に翻訳した会話を用いる．以下同様．

図3　上海蟹を含む豪華なバンケットの料理の後で何かが起こった

である．周りを見渡すと病院というよりも，美容室でパーマをかけているという雰囲気に近い．実際，白田君（仮名）の右横の席で点滴をしていたご婦人は，終始ファッション雑誌のようなものを一心不乱に読みふけっていたのである．

　結局なんやかんやで，白田君（仮名）の点滴には4時間程度かかった．おかげでその待ち時間に，李君とはずいぶんいろいろな話ができた．彼によれば，上海の人々は忙しいので栄養剤のような感覚で点滴をしているのであろうとのこと．しかしながら，点滴費用は日本円にして千円程度かかったので，中国の一般市民にとってけっして安くはない．たとえば，彼の両親は田舎で農業を営んでいるが，現金収入は1年間でわずか1，2万円程度しかないらしい．それでも問題なく暮らしていける．数年前，その村

に大きなバスで乗りつけた「医師団」が，村人を集めて「無料」で健康診断をしてくれることになった．参加した彼のお父さんは長年わずらっていた膝の関節の問題をピタリと指摘され，年間の現金収入に匹敵する1万円もの高額の漢方薬をすすめられて購入することにした．李君によれば，本当は千円もしない薬らしいが，膝の問題を的確に当てたことでお父さんはその「医師団」を完全に信じていた．しかし，1年後に再びその「医師団」が同じバスで村にやってきたときに村人の間に初めて疑問が芽生えた．都会で暮らす息子に電話で相談した結果，以上の事実が発覚したのである．何のことはない，健康診断の前に全員問診表を提出させられており，彼のお父さんはそこに「以前より膝の調子が悪い」と実直に書いていただけのことらしい．以来，親孝行の李君は，大学院の奨学金を切り詰めては上海のまっとうな店で件(くだん)の漢方薬を購入し，お父さんに送ってあげているとのことである．

さて夕方6時ごろになってお腹のすいてきた私は李君に「白田君（仮名）の点滴はまだ終わりそうにないし，どっちみち彼は食事をとることはできないのだから，いまのうちに2人で外に行って食事をすませてこないか」と誘った．しかし，彼からは「このような状況で日本の方を1人だけ残して行くことはできない」というありがたいお言葉を頂いた．将来の日中関係の模範とも言うべき礼節をわきまえた李君を前にして，腹をすかせながらも我慢するしかない私であった[*12]．

しかし夕食の時刻あたりから点滴ルームがなにやらざわつき始

[*12] 「衣食足りて礼節を知る」という言葉は納得できるが，李君は「衣食足りずとも礼節を忘れない」実に立派な人間であった．感動した私は夜遅く彼が連れていってくれた満洲水餃子のお店で御馳走してあげたのだった（といっても，おいしくかつ極めて安いお店であった）．

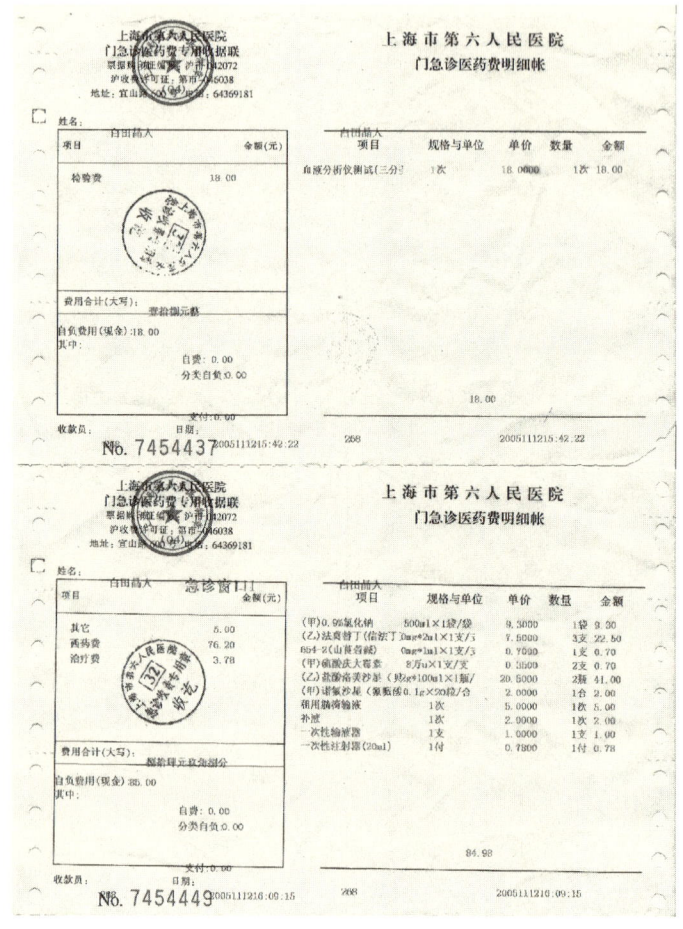

図4　上海の病院での貴重なレシート

めたのである．よく観察していると，付き添っている家族の人が外からお弁当のようなものを買ってきて，なんと病人（？）と一緒に平気でパクパク食べ始めるのだ．病院の，しかも点滴ルームのような場所でものを食べるという行為が合法であるなどとは夢にも思わなかった私は仰天した．白田君（仮名）の左横の席で

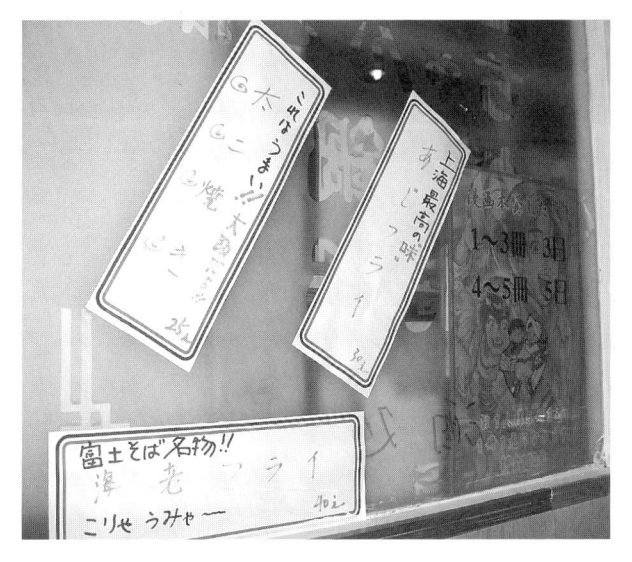

図 5　上海にある日本料理屋「富士そば」の壁のメニュー．周庄で予想外の食中毒にあってしまった白田君（仮名）も，ひさびさの和食メニューに「こりゃうみゃー」とすっかり御満悦であった．

点滴を受けていたかなり高齢のご婦人もまた，娘さんが買ってきたカップラーメンを 2 人で仲良く啜り始めたのである．「おいおい，カップラーメンを食べられる人が点滴をするのか」と思わずツッコミを入れそうになった[*13]．

　白田君（仮名）の真正面で点滴をしていたおじさんは，頭に白いネットをかぶっていた．友達数人と談笑していた彼は，点滴の終わりごろになって，買ってきてもらった大盛りの弁当をすごい勢いで食べ始めた．そしてものの 2, 3 分でそれをすべてたいらげた彼は，自ら点滴針を「えいやっ」と抜き去り，その友達とともにさわやかな笑顔を浮かべながら退室していった．その時に見

[*13]　言語の壁に加えていまなお日中間に残る社会的諸問題を熟慮した結果，がまんした．

えた彼の後頭部は，ほぼ全面が血で真っ赤に染まった包帯でグルグルと巻かれていた[*14]．なるほどこれが点滴をしていた理由であったかと，やっと納得（？）した．

　点滴付添という貴重な4時間に及ぶ経験を通じて，中国で生きていくことの厳しさと，患者に優しい日本の病院システムをあらためて実感できた．蘇州観光などという安直なコースからはけっして得られなかったであろう，いまなお日中間に横たわる常識の違いを，身をもって学ぶ機会を与えてくれた白田君（仮名）には心から感謝したい．

　さて，この一見長く取りとめがないように見える文章から学ぶことは何だったのであろう．賢明な読者ならばすでにお気づきのことと思う．実は，科学においてある時期に常識だとされていたことも，その後消え去ってしまうことがある，という教訓だったのである[*15]．

　宇宙は時々刻々時間変化しているのか，あるいは，（宇宙膨張はしているにしても）いつも同じような姿を見せているのか，という2つのモデルが対立していた時期があった．前者は現在標準となっているビッグバン宇宙論，後者はいまでは完全に歴史的遺物とされている定常宇宙論である．しかしながら，1960年代以前は定常宇宙論のほうが「常識」的宇宙観とされていたら

[*14] ♪ 2時間前から後頭部に違和感がある〜　いままで〜　一度も大きい病気に罹ったことないから大丈夫〜　お弁当もいっぱい食べられたから多分大丈夫〜　でもなぜか後頭部には違和感がある〜 ♪（ムーディー上海）．2010年1月の校正時にはすでに忘れ去られているフレーズのように思えたが……

[*15] おもわずのけぞってしまった方がいらっしゃるかもしれない．我ながら，さすがにこの論理展開が強引過ぎる感は否めない．したがって，この伏線に気づかなかった読者の方々（そもそも気がついた人などいるだろうか？）が落胆される必要はどこにもない．

しい．定常宇宙論の提唱者の 1 人であり高名な天文学者フレッド・ホイルが，前者を揶揄した言葉としてビッグバンと名づけたことはよく知られている．この用語はすでに日本語としても定着しているのだが[*16]，本来は「ああ，宇宙が昔ドーンと派手に爆発して始まったとかいう例のトンデモ説ね」という意味だったわけだ．

「海底人の世界観」で紹介した人間原理もその一例となるかもしれない．一般に物理屋，なかでも素粒子論屋には「この世の中の本質的なことはすべて自然法則によって説明できるはずだ」という強い信念を持っている人が多い．一方，天文学においては 1960 年ごろから，とくに英国を中心に人間原理を真剣に検討しようとする人々が現れたが，大半の素粒子論屋はそれを「物理学の敗北」というニュアンスで捉え軽蔑的な態度に終始した．ところが 2003 年に，究極の理論の最右翼と考えられている「超ひも理論」で，宇宙の真空状態は一意的に決まるものではなく 10 の 500 乗程度もの異なる解が存在するという驚くべき可能性が示されてから，雰囲気が一変する．

これら無数の異なる真空においては，たとえば，重力や電磁力の強さを決めるニュートンの万有引力定数 G や素電荷 e，さらには真空のゼロ点エネルギーと解釈できる宇宙定数などが，我々の宇宙とは全く異なる値を持ってしまう．10 の 500 乗個の異なる真空の解は，これら物理定数の値として 10 の 500 乗種の異なる値の組を持つ宇宙の存在を意味し，我々の宇宙はその膨大な解のうち，たまたま人間を生み出す条件を満たしたものだったので

[*16] 金融ビッグバンなどという言葉も耳にする．

はないか．これこそマルチバースではないか．かくして素粒子論と人間原理の蜜月が始まった．

それどころか，我々の宇宙の中においてもこれらの「物理定数」の値が時間変化するのではないか，という可能性すら示唆されるようになっている．こうなるともはや「定数」ではなくなり，収拾がつかない．実際，1990年代に上述の「宇宙定数」を一般化して「時間変化する宇宙定数」と呼んで研究しようとした人々がいたが，共感を呼ぶことはなく全く盛り上がらなかった．にもかかわらず，1998年に同じ概念が「ダークエネルギー[17]」と名づけられて以降，この分野の論文数は爆発的に増大するに至る．科学の世界でもキャッチーなネイミングのセンスは重要なのだ[18]．それはさておき，本当に物理定数が時間変化するならば，まさに物理学上の一大事であるため，観測的にチェックする努力が真剣に試みられている．その結末が楽しみである．

自然科学においては，従来当たり前だと思われていた常識が覆ることで新たな常識が建設される，という手続きの繰り返しで進歩を遂げる．宇宙観の変遷もまた然りであった．耳の違和感のおかげで寝つかれない夜，そのようなことが久しぶりに身にしみて感じられた．ありがとう，外耳炎！[19]

---

[17] 現在の宇宙の膨張速度が速くなっているという観測事実を説明するために必要とされる万有斥力を及ぼす奇妙な存在の総称．この名前には，正体がわかっていないという意味以外のものはない．

[18] 「美しい日本」などという最悪のセンスは何とかしてほしいものである，とこの文章が掲載された『UP』に脚注を付けておいたところ，確かにその後何とかなってしまった．ただしこれは私の文章の効果とは思えないが……．

[19] ちなみに，この文章を書き上げて1週間ほどで，耳の違和感はめでたく完全に消失した．ただし，素人判断は危険なので，耳に違和感がある方は迷わず耳鼻科に行かれることをおすすめする．

都会のネズミと田舎のネズミ

高知県安芸市の出身である私は高校のころまで確実に都会に憧れていた．身の回りのものすべてが田舎くさく思え，あらゆる点で都会よりもレベルが低いものと決めつけていた．せっかくの休みの日にわざわざ山や海に出かけるなど正気の沙汰ではないとしか思えなかった[*1]．しかし大学に入り東京で暮らすようになってから，少しずつ田舎の良さが理解できるようになってきた．さらに 40 歳を過ぎるころから，帰省するたびに田舎の素晴らしさをしみじみと実感するようになった．故郷の山や海を見るたびに心が安らぐ自分を発見したのである．したがって，何かの拍子に略歴をもとめられると，聞かれてもいないのに出身地まで明記して誇るように努めている[*2]．私とは逆に，もともとは都会育ちで現在田舎暮らしをしている人も同じく，生まれ育った都会に対するノスタルジーを感じるものだろうか．だとすれば，ここで用いた田舎という言葉は不適切であり，故郷あるいは子供時代という言葉に置き換えるべきなのかもしれない．さらにそもそも人間固有の普遍的老化現象に帰着する可能性もあろう．

　このような郷愁にふけり始めると，イソップ童話の「都会のネズミと田舎のネズミ」を思い出す．若いころは迷わず「都会のネズミ」を選んだにもかかわらず，昨今は「田舎のネズミ」に共感する自分がいることに気づく．といっても，そもそもイソップの結論は，田舎のネズミのほうが快適と言いたかったのか，それとも，単に一長一短というだけのことだったのか．はたしてどちらなのであろう？　イソップは紀元前のギリシャにおける奴隷だっ

[*1] 高知県はほとんどが山であり，山と海に挟まれたごく狭い場所に人間が生息している．私が卒業した小学校は山まで 100 m，海まで 30 m という場所にあった．
[*2] おかげで一部の知合いや研究室の学生の間で，私の納豆ギライと高知県自慢は有名になっている．

図1 土佐くろしお鉄道，ごめん・なはり線，安芸駅

たらしいが，その時期にすでに都会と田舎の違いが厳然として存在していたこと，さらに奴隷階級にもこのような教養の高い人材がいたこと，いずれも，私にとっては驚異的に感じられる．

本論とは全く関係ないのだが[*3]，「都会のネズミと田舎のネズミ」の英語タイトルは "The town mouse and the country mouse" とのこと．なぜ，冠詞が a ではなく the なのかが私にはわからない[*4]．たとえば「美女と野獣」"Beauty and the Beast" の場合，Beauty に冠詞がつかない理由はさておいて[*5]，この話

[*3] といっても現時点では，本論が何なのか，そもそもこの雑文に本論があるのかすら不安になっている方々も少なくないであろうが，もう少し我慢してお付き合い頂きたい．ただし最後まで読んだからといって本論があることを保証するものではない．

[*4] フランス語でも "Le rat de ville et le rat des champs" とやはり定冠詞 le がついている．

[*5] 不定冠詞 a があったほうが自然に思えるのだが……．ちなみにフランス語では "La Belle et la Bête" らしいのでこちらには美女にも定冠詞がついている．めったにない経験をした美女だからだろうか，と悩んでいたところ，無意味なほどミョーに日本語に堪能なアメリカ人 N さんと，この件に関して話す機会があった．彼女に

図 2 安芸駅のシンボルキャラクター「あきうたこちゃん」(やなせたかし氏による) と安芸市を本籍とする 2 名

に登場する Beast は明らかに他には存在し得ない特別なものであるから the がつくのは十分納得できる．しかし，「都会のネズミと田舎のネズミ」に出てくるネズミはあくまで平均的な例であるべきではないか．それとも，都会と田舎に暮らすそれぞれのネズミ組合代表という重要な使命を意味する the なのであろうか．

よると，beauty とは美女のことだけを指す皮相的な単語ではなく，野獣の心の奥底に残っていた「美」を暗示しているため冠詞がつかないのだとのこと．むむむ，ここまで深い話題だったのか！ 高校時代「前置詞 3 年，冠詞 8 年」という言葉を胸に刻みつつ懸命に英語を勉強した記憶がある．確かに冠詞はおいそれとは理解できない奥行きを持つことを再認識した．誰がはじめたか知らないが「美女と野獣」という日本語訳自体が浅薄であったわけである．正確には，「野獣の中に潜んでいる美を象徴すべく登場した美女とその野獣」と訳すべきだったのだ．一方で，フランスは何よりも女性を尊重するお国柄なのでそのようなまわりくどい解釈にはお構いなしに「例の美女」という意味で定冠詞 la を使ったものと思われる．ああすっきり！(でも本当か？)

「都会のネズミと田舎のネズミ」は，我々誰もがその人生で遭遇するはずの数々の岐路において役に立つ深い教訓と示唆を含む名作である．私が関係している物理学や天文学の研究でも考えさせられるところは多い．たとえば科学の進歩にともなう必然的な流れの一つに実験・観測施設の大型化・国際化がある．著名な宇宙論研究者であるサイモン・ホワイト氏によれば*6，1975年に世界の主要学術雑誌に発表された宇宙物理学の論文のうち，著者が1人だけであったものと，6人以上であったものは，それぞれ40パーセントと3パーセント．しかし2006年に発表された論文を調べてみると，これらの数字は9パーセントと28パーセントとなった由．研究形態がグループを中心とするものへとシフトする傾向が如実に見てとれる．

　さらに素粒子物理実験となるとそれどころではない．スイスのジュネーブ郊外で稼働中のラージハドロンコライダー（LHC）は，自然界に存在することが予言されながらも未発見である素粒子を捕えることを目的としている．このLHCに設置される主要実験装置の一つ（アトラス実験）は，33カ国1500人以上の研究者からなる超巨大国際共同プロジェクトであるらしい．全校生徒が190名程度しかいない牧歌的な高知県安芸市伊尾木小学校を卒業した私は，6年生の時にはほぼ全員の生徒の顔と名前を知っていた．だがその小学校の8倍の人数となると（さらに昨今の記憶力の指数関数的な減退まで考慮すれば），はたして何人の共同研究者の名前を覚えることができることか，はなはだ心もとな

---

*6　Simon D.M. White, "Fundamentalist physics: why Dark Energy is bad for Astronomy"「原理主義的物理学：ダークエネルギーはなぜ天文学にとってマイナスか」．http://xxx.yukawa.kyoto-u.ac.jp/abs/0704.2291 から入手できる．

図3 日本最後の清流として知られる四万十川に勝るとも劣らないような気がしてならない安芸川の上流

い．もしも私のようなものがこの大規模実験に参加していたとするならば，まさに「都会のネズミ」である．

　天文学と素粒子物理学の例に限らず，いまや異なる分野間で共同研究という概念に大きな幅が生じてしまっている．もちろ

ん，これは文化の違いと形容すべきものである．「都会のネズミ」と「田舎のネズミ」のどちらを選ぶかは，研究者個人の興味・趣味・主義主張・価値観・人生観・気力・体力・血圧値・血糖値・コレステロール値・預貯金残高・裕福な親類の有無など，あらゆる要素を総合的に考慮して判断すべきであろう．

ちなみに，この文章の書き出しあたりで，都会＝悪，田舎＝善，といった単純な価値観と受け取られかねない表現があったかもしれないが，それは全く本意ではない．また万が一「都会のネズミ」に否定的な意味合いがあるとするならば，素粒子物理実験をその代表例とするかのような誤解は（自らの安全のためにも）完全に払しょくしておきたい．そもそも物理屋の間では，素粒子物理実験研究者はいずれも「ネズミ」というイメージからは程遠い強者(つわもの)ぞろいであることは周知の経験則となっている．ダーウィンの進化論からもわかるように，1000人スケールの国際共同研究で生き残るための必然的淘汰の結果なのであろう．むしろ「都会のライオン」という表現がぴったりとする[*7]．しかし，「都会のライオンと田舎のネズミ」ではあまりにも含蓄がなさすぎて，寓話としては成立し得まい．

というわけで，身の危険を避けるためにも，他分野を持ち出すのではなく，私個人の例を用いて話をすすめさせて頂くことにする．私は現在，宇宙のダークエネルギーと太陽系外惑星という2つの共同研究に参加している．前者は，ハワイ島マウナケア山頂のすばる望遠鏡による遠方銀河（典型的には約100億光年先に

[*7] 「田舎のネズミ」を自認する私など，大勢の素粒子実験研究者の前で話をする時にはサファリバスに乗って富士サファリパークをめぐっている錯覚におそわれるほどである．♪ほんとに，ほんとに，ほんとに，ほんとに，ライオンだー♪

ある)探査を通じて,現在の宇宙の全エネルギーの4分の3を占めるとされるダークエネルギーの正体を究明しようとするもの.後者は,同じくすばる望遠鏡を用いて数十光年先にある恒星の周りにある惑星の性質を突き止めようとするものである.

この2つは,観測対象までの距離が10億倍違うこと以外にも,多くの点で極めて対照的である.前者は,ダークエネルギーという基礎物理法則の根幹にかかわる存在の解明をゴールとし,数十億円規模の予算をかけて新たな検出器を製作する100人規模の国際共同研究計画である.一方,後者はもともと私と友人のアメリカ人が全く素人のレベルから始めたプロジェクトで,その後その道の専門家に協力を仰ぎ,大学院学生にも参加してもらいながら,10人規模のアットホームな共同研究チームで行っているものである.そのゴールは,太陽系外惑星という極めて興味深い天体の性質を地上から可能な限り観測的に明らかにしてやろうとする純粋に天文学的なテーマであり,基礎物理法則の究明に寄与することはありそうにない.この2つを比較する際に,「都会のネズミと田舎のネズミ」が私の頭をよぎるのである.

ダークエネルギー探査は世界中で次世代宇宙観測の目玉とされており,我々以外にもさまざまなプロジェクトが現在進行中である.その科学的ゴールは根元的な自然法則を究めるという素粒子物理学的色彩が濃いのに対して,方法論自体は標準的な天文学的観測に基づいている.2つの分野の学際的協力と,異なる価値観の衝突.私は出自も所属も物理学教室であるにもかかわらず極めて天文学に近い領域で研究しているため,この文化の違いをまさに実感してしまうのだ.

たとえば,宇宙物理屋が「より遠方の天体を観測する面白さ」

「未開拓の硬X線で宇宙を見る重要性」を訴えると，高エネルギー実験屋は「その結果発見された天体は物理法則の解明にどのように役立つのか」と質問してくる．逆に，「世界最大の線形衝突加速器を建設し，超対称性理論の詳細を確定させる」ことが高エネルギー実験学界の次のゴールであると聞けば，私などは驚きを隠せず「1000人以上もが参加する国際共同プロジェクトの推進という研究だけに集結することで，本当に国内の研究者の大多数を満足させられるのか」と尋ねてしまう，という具合である．

この文化の違いを表にまとめてみた．もちろんこれらは単に違い以上の何物でもなく，良い悪いといった問題ではない．ただし，研究の進展にともなうプロジェクトの巨大化の結果として，天文学研究が高エネルギー物理「化」しつつあるのは事実であるし，今後一つの必然的な流れであろう．とくに，高エネルギー物理業界から強い興味が寄せられているダークエネルギー研究はその色彩が強い．そのような「グローバル化」を天文学者が受け入れる（べき）かどうかはけっして自明ではない．結論は研究者個

表1　高エネルギー物理実験と光赤外天文観測の文化の比較

	高エネルギー物理実験	光赤外天文観測
目的	一点集中・理論検証的 法則の普遍性を追求	汎用・発見的 宇宙の多様性を追求
実験・観測	非公募制： プロジェクトメンバーのみ可能	公募制： 採択されれば誰でも可能
データ権	プロジェクトメンバー以外 には非公開	1, 2年の占有期間後は 一般に公開
共同研究者数	100人規模が普通 なかには1000人規模も	10人以下程度が普通 まれに100人程度
国際性	ほとんどが国際共同研究	主に国内の研究仲間

人の価値観によって異なるにせよ,そこで展開されている論点を共有しておくことは必須であろう.

私が宇宙論の研究を始めてからすでに 20 年以上経過した.その間,まさに予想もできなかったほどの進歩が成し遂げられた.その帰結として,もはや数人の仲間で楽しみながら研究するというよりも,大人数での国際共同研究がデフォールトとなりつつある.かくして,ビッグサイエンスへと変貌し,厳しい国際競争に打ち勝つべく前へ前へと走り続けることが求められる……

このように書いてしまうと,単に自分が年を取って来たことを痛感させられる.若い頃に比べると感受性も鈍るし,純真さも失われて来る.気力・体力は衰え,血圧値・血糖値・コレステロール値・煩悩・ローン残高は増える一方だ.おかげで,人間は一体何をもって本当に幸せとすべきなのだろうか,という哲学的な悩みを抱えてしまったりする[*8].

私自身の「都会のネズミと田舎のネズミ」問題に対する解答はまだ出ていない.結局,双方のバランスを取りつつ両立させていく以外にない.二兎を追うもの一兎をも得ず,という言葉があるが,2008 年の干支でもあるし二鼠ぐらいならば大目に見てもらえることを期待するのみだ[*9].

[*8] ここまで弱気になると,「物理学に哲学は必要ない」と断言したかつての自分を悔いることしきりである.本書「海底人の世界観」を参照のこと.

[*9] 物理関係の月刊 P 誌に小文を書いた際,筆者紹介欄に「妻一人,娘二人」と書いておいた.校正時に「妻と娘二人」と修正されてきた.日本語の単複形のあいまいさのためこれでは娘が一人なのか二人なのかわからなくなる.そこで当初の案に戻してもらった.数ヵ月後再び別の小文を書いた際,あの部分に変更はありませんか,という確認を頂いたので,「残念ながらまだ妻は一人のままです」と回答したところ,「今後とも一人のままがよろしいかと存じます」という丁寧な返信を頂き恐縮した.「二妻を追うものは一妻をも得ず」という古くからの格言を思い出しつつ,かなわぬ夢を見た結果「妻 0 人,娘二人」といった修正をお願いすることのないよう,強く自戒したことである.

何やら沈みがちなトーンになってきたので，明るい話題を提供して本稿を終えることにしたい．学部4年生の講義中の雑談で，「スーパーで買い物をするときには，誰でもまず一番短い列のレジを探してそこに並ぶでしょう．同じように，みなさんもこれから研究分野を決める時には，まず誰も並んでいない場所を探しだすことが本質です．けっして，秀才が長蛇の列をなしているようなところの最後尾から始めるべきではありません」としゃべったことがある．その年度の学生講義アンケートで，「講義中に一流ではなく二流の物理学者を目指すような処世術を教えるべきではない」という厳しい反論を頂戴し，おおいに反省したものだ．その通りである．若者たるもの，「田舎のネズミ」か「都会のネズミ」などという老人的なせこい選択に悩むのではなく，もちろん「都会のライオン」を目指すべきである．頑張れ，日本の将来（と私の年金）を背負う若者たち！*10

---

*10　でもね，本当は君にもわかるときがきっと来ると思うよ．もう少し大人になればね……．

図4 都会育ちのみなさん，ごめんなさい（高知県南国市 JR 土讃線御免駅にて）

ガリレオ・ガリレオ

$$\begin{cases} \left(\dfrac{\dot{a}}{a}\right)^2 = \dfrac{8\pi G}{3}\rho - \dfrac{K}{a^2} + \dfrac{\Lambda}{3} \\ \dfrac{\ddot{a}}{a} = -\dfrac{4\pi G}{3}(\rho + 3p) + \dfrac{\Lambda}{3} \end{cases}$$

$$\dfrac{d^2 x^\mu}{d\tau^2} + \Gamma^\mu_{\alpha\beta}\dfrac{dx^\alpha}{d\tau}\dfrac{dx^\beta}{d\tau} = 0$$

2007年10月に英国エジンバラ王立天文台で国際会議を共催した*1. その際,天文台図書室でクロフォードコレクションとして所蔵されている天文学関係の古典的書物を特別に見せてもらう幸運な機会を得た*2. ニコラウス・コペルニクス『天球の回転について』(*De revoltionibus orbium coelestium*, 1543年),ティコ・ブラーエ『天文学観測装置』(*Astronomiae instauratae mechanica*, 1598年),ヨハネス・ケプラー『世界の調和』(*Harmonice Mundi*, 1619年),アイザック・ニュートン『プリンキピア』(*Philosophiae naturalis principia mathematica*, 1687年),などなど.まさに天文学から物理学へ至る歴史そのものともいえる書物の本物を,しかも驚くべきことに,直接手に取ってめくり眺めることさえも許された貴重な体験であった.

その一つ,ガリレオ・ガリレイ『星界の報告』(*Sidereus Nuncius*, 1610年)の写真撮影に奮闘していたとき,一緒にこの「天文学関連古典書閲覧無料ツアー」に参加していたY先生が「ふーん,ガリレオ・ガリレオなんですね」とボソッとつぶやいた.

---

*1 本稿とは全く関係ないのであるが,これは 2007-2008 年度の日本学術振興会先端拠点形成事業「暗黒エネルギー研究国際ネットワーク」のサポートを受けて,エジンバラ王立天文台と共催したものである.今後のことも熟慮の上,ここに厚く感謝の意を表させて頂きたい(後日談:この文章が『UP』誌に掲載されたのは 2008 年 8 月号であるが,2008 年 10 月にこの事業のヒアリングがあり,めでたく 2011 年度までの 3 年間の延長を認めて頂いた.我ながら先の先まで読んで掲載しておいた脚注の威力に驚かされた.ちなみにその際のヒアリングで,開口一番「この事業名を省略すると暗黒ネットワークとなりますが,けっして非合法な組織ではありません」から始めることで審査員の心をぐっと摑む目論見であった.しかし実際にはその直後全くの沈黙の時間を迎えてしまい,さすがの私もこれでお終いかと観念させられたことを思い出す.いずれにせよくだらないしゃべりの部分は無視してその本質だけを理解してくださった見識のある審査員の皆様には,改めて心から感謝の意を伝えておきたい).

*2 本書「海底人の世界観」および本稿に掲載されている写真はその際に私自身が撮影したものである.

図1　英国エジンバラ王立天文台の正門

デジカメでの撮影に没頭していた私も目を離して実物を見た．なるほど確かにガリレオ・ガリレオだ（図2）．

　ガリレオ・ガリレイが近代科学の祖の一人であることは言うまでもない．我々が静止していようと等速直線運動をしていようと，いずれの観測者にとっても物理法則は同じである，という結

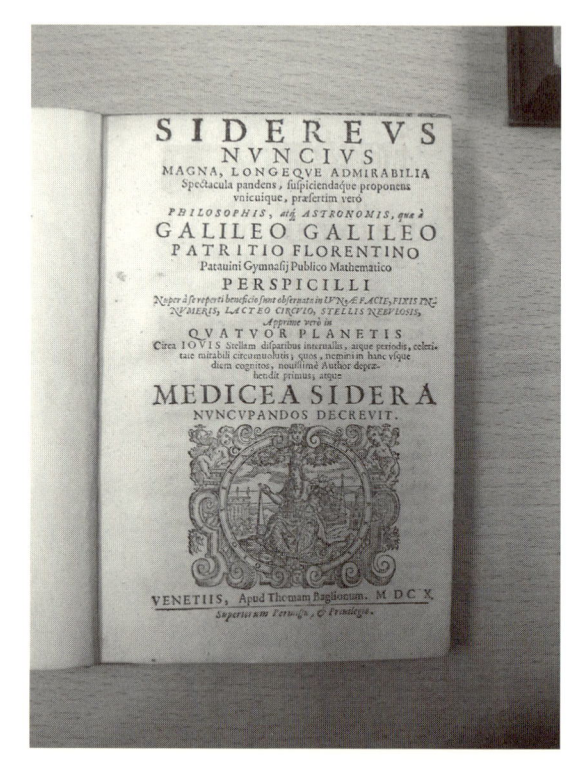

図2 ガリレオ・ガリレオ『星界の報告』.自作の望遠鏡を用いて彼が発見した木星の衛星(現在は,ガリレオ衛星と呼ばれている)を,庇護者であったトスカーナ大公にちなんでメディチ家の星(Medicea Sidera)と名づけて報告したもの.

果はガリレイの相対性原理*3と呼ばれている.ピサの斜塔から大小の球を落としてそれらが同時に着地することを見つけたとされるため,その後,観光客がピサの斜塔に押しかけそれを一層傾けることにも大きく貢献した.月のクレーターや太陽の黒点を見つけたのも,木星の周りの4つの衛星を見つけたのも彼である.

---

*3 この原理の妥当性と限界に関する考察は,ニュートン力学から特殊相対論さらには一般相対論に至る過程で重要な役割を演じた.

後者はガリレオ衛星と呼ばれている．実は2009年はガリレオが望遠鏡を自作して天文観測を行ってから400周年にあたる．それを記念して国際天文年と銘打って，世界中で天文学に関する行事が開催された[*4]．けっして，教会の圧力に屈しながら陰でボソッと「それでも地球は回っている」とつぶやいただけの人物ではないことはおわかりであろう．

もちろん私も学部学生の力学や相対論の講義をするときに，ガリレオの業績に触れずにはいられない．「昔イタリアのトスカーナ地方では，長男にその家の苗字と同じ名前をつける慣習があった．つまり，ガリレオとはガリレイ家の息子という意味であり，ガリレオ＝ガリレイである」という蘊蓄をたれて得意になっていたものだ．したがって，ガリレオ・ガリレイなのか，それともガリレオ・ガリレオなのかによっては，私の教師人生において最大の禍根にもなりかねない重要性をはらむ問題である．

というわけで早速イタリア人の友達に電子メイルで問い合わせてみた．回答は単純で，イタリア語のガリレオ・ガリレイを，ラテン語の格変化に従って活用させるとガリレオ・ガリレオとなるのだそうである[*5]．確かに，私自身が手でめくり撮影する光栄に浴したプリンキピアの著者名の部分（図3）をよく見直してみれば，そこもラテン語化されておりイザッチ・ニュートーニと読める．

かつては，まっとうな学者は書物の内容のみならず自分の名前

[*4] 実は私も日本天文学会の全国同時七夕講演会という企画に協力して，小中学生を対象とした講演会を行ったのであるが，小学生に理解してもらうことの困難さを痛感させられる結果となった．

[*5] まあ誰でもすぐに想像したであろう，ひねりも意外性もない答えで申し訳ない……．

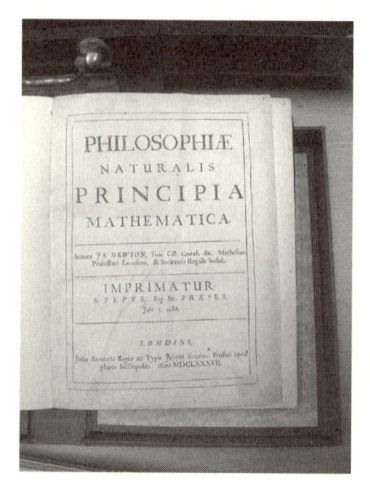

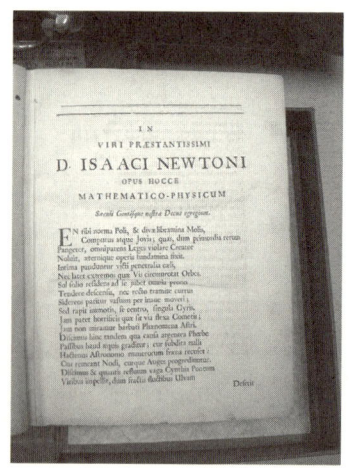

図3 "イザッチ・ニュートーニ"による『プリンキピア』の最初のカバーページと著者名の明記された冒頭

までもラテン語で書くことが当然とされていたようだ．ちなみにイタリアでは，ガリレオ・ガリレイのことを，苗字のガリレイでなく名前のガリレオで呼ぶのが普通であることも教えてもらった．日本でも「ガリレイの相対性原理」「ガリレオ衛星」のように，いささか統一が取れない呼び方が流布している理由の一端はそこにあるのだろう*6．

ところでガリレオと聞くと，東野圭吾原作，福山雅治が演ずる湯川学が主人公の『探偵ガリレオ』を思い出す方もいらっしゃるはずだ．以前より，「探偵ホームズ」「怪盗ルパン」「明智探偵」という流れから言えば，「探偵ガリレイ」であるべきだと不思議に思っていたのだが，ラテン語から考えてもイタリアのしきたり

---

*6 イタリア人の友人から「ダンテやミケランジェロの場合と同じだよ」と補足説明をもらったのだが，そもそもそれらは苗字ではなく名前であることなど恥ずかしながら全く認識していなかった．『UP』誌を読んでいるほどの知識人の方々なら，アリギエーリやブオナローティと言われてもすぐピンとくるのかもしれないが．

からいっても「探偵ガリレオ」で全く問題なさそうだ[*7].『探偵ガリレオ』といえば,家族で第2話の放映を見ていたとき,我が娘ながら真実を見抜く鋭い目を持つ長女が「福山雅治の横顔はパパに似ている」という正直な感想をもらしたところ,家内と次女にコテンパンに叩かれたことをまざまざと思い出す[*8].その結果,長女は最初のCM以前に,前言を撤回することを余儀なくされてしまった.真実が不合理な権力によって捻じ曲げられてしまうという,ガリレオの生涯を彷彿させるような現場を目の当たりにした私であった[*9].

　物理学者が主人公ということであれば,名作『TRICK』で阿部寛が演ずる上田次郎日本科学技術大学教授も見逃せない[*10].探偵ガリレオとの類似点は全くといってよいほどないのであるが,彼の著書『どんとこい!　超常現象』からもわかるように,いわゆる超常現象を科学によって解明しようとする共通の態度は評価すべきであろう.また,「スパー神拝んで温泉」という我が東京大学が誇るノーベル賞受賞対象研究までもがさりげなく盛り込まれているあたり,監督の物理学に対する造詣の深さも侮れな

[*7] 確かに江戸川コナンを「名探偵コナン」と呼ぶやり方もまたこの用法に則している.一方,「探偵小五郎」では怪人二十面相には勝てそうにない.ラテン語化して「探偵コゴロッチ」となってしまうとなおさらである.

[*8] 全くの偶然ではあるが(むろんそれ以外の可能性は科学的にはあり得ないのだが)私の次女とガリレオの誕生日はともに2月15日,さらにガリレオが亡くなった1月8日は,スティーブン・ホーキング,小泉純一郎,私の長女の誕生日でもある.誰にはばかることなく,我が家はガリレオ一家であると言ってもよかろう.

[*9] 長女にはぜひともガリレオを見習って,「それでもパパに似ている」とつぶやいてほしかったところであるが,残念ながら完全に家族内の権力に屈してしまったようである.しかし,その翌年の父の日に「福山雅治に横顔がそっくりと1回言ってあげる券」をプレゼントしてくれた.もちろんもったいなくていまだに使うことができないままでいる.

[*10] 彼が主人公かという点には異論もありうる.仲間由紀恵演ずる山田奈緒子を忘れるわけにはいかない.

い．いずれにせよ，物理学者が主人公となるテレビ番組や映画が放映されることは業界関係者としては喜ばしい限りである[*11]．

さらに，世の中の人々が物理屋に対して持っている偏見（もう少し正確には，予定調和的にこうであってほしいと期待しているイメージ）を理解する上でも役に立つ．『探偵ガリレオ』によれば物理屋とは表1に記したような習性を持つ人種らしい．念のために，私の身の回りの人々から類推したより現実的な姿と対比しておいた．

ところで東野圭吾は理科系出身であるためか，その作品は理系ミステリーに分類されたりする．逆に言えば，世間的には推理小説とは本来文系に分類されるものと理解されているのだろう．とすれば，推理小説の古典として著名なヴァン・ダイン『僧正殺人事件』を引き合いに出して反論しておくべきかもしれない．そこには，当時最先端の物理学の知識が（しかも全く意味もなく）てんこ盛りなのである．たとえば，殺害されたある被害者の近くに，Bikst = λ/3(gikgst − gisgkt) といったメモが残っていた，とある．これは2次元時空のリーマンテンソルを計量テンソルで書き下した結果

$$B_{ikst} = \frac{\lambda}{3}\left(g_{ik}g_{st} - g_{is}g_{kt}\right)$$

だと思うのだが，それを推察できるだけの知識を持つ読者がはたしてどのくらいいるであろう[*12]．しかも，そのあたりを心配し

[*11] 探偵ガリレオがN経S誌を読んでいるシーンが放映されたため，同編集部の関係者は狂喜乱舞し毎回録画することに決めたというかなり信頼性の高い噂がある．何処も同じか……．

[*12] その証明に興味がある方は，拙著『一般相対論入門』（日本評論社，2005年）問題 [2.10] の解答をご覧頂きたい．

表 1　物理屋の習性と現実

習性その 1　理屈っぽく発言が単刀直入.

　　現実　これはいずれもかなり正確である.

習性その 2　研究室ではつねに白衣を着ている.

　　現実　化学者や生物学者はそうかもしれないが，物理学者はほとんど着ていないはず．少なくとも私についていえば，いままで白衣を着た経験はない．

習性その 3　いつも汚い学食で食事をしている.

　　現実　最近の学食は以前に比べてかなりきれいになっているとはいえ，基本的には正しい．

習性その 4　突然何か思いついたが最後，嵐のように意味不明の数式を書きなぐりはじめて止まらない（探偵ガリレオが書いている数式は何なのか強い興味を持ったので，録画して何度も繰り返し見たのだが残念ながら読めなかった）.

　　現実　そのような危ない人は見たことがないし，仮にいたとしても近寄りたくはない．

習性その 5　研究室で料理をして食べる.

　　現実　20 年以上前に私が在籍していた実験関係の研究室では確かにほぼ毎日そこで夕食を作って食べている先輩がいた．ただし現在では，火災防止の観点からガスが使えない部屋がほとんどのはずなので，火力を要する中華料理などは満足できる仕上がりにはならないであろう．

習性その 6　つねに冷静沈着でハンサム.

　　現実　残念ながらそのような教員はほとんど期待できないことを断言せざるを得ない（この点では『TRICK』の上田教授のイメージのほうがより現実に近いものと理解しておくべきだ）．

ながら読み終えた私にとってさらに衝撃的だったのは，このメモの内容はストーリーとは全く関係ないことであった．では何を意図してこんなメモを考えたのか理解に苦しむ．さらに，登場人物の一人の物理学者は，量子論では説明できない光の相互作用を考慮したエーテル線理論の修正の仕事や，ド・ブロイやシュレーディンガー*13 によって数年後解決されたアインシュタインの仮説の矛盾に取り組んでいたとある．これらは量子力学のことであろうが，『僧正殺人事件』の出版は 1929 年であり，シュレーディンガー方程式が発表されたのは 1925 年であることを考えると驚異的と言わざるを得まい．推理小説を読む人たちにとって，最先端の物理学の知識はかつて当然であったのだろうか．その真偽はともかく，少なくともそのような物理の話を主人公にとうとうと語らせても本の売り上げは落ちないというだけの科学リテラシーが存在していたことは確からしい．「実に興味深い……」．

話は全く変わるが，私が入学した頃，東京大学の女子学生の割合は 7 パーセント弱であった．現在では 20 パーセント程度にまで増加している．しかるに，1 学年 70 人の東大物理学科では女子学生がわずか 2, 3 名しかいないという状況が，過去 20 年間ほとんど変化していない．これは教員としておおいに反省しなくてはなるまい．東大理学部でも，女子高生だけを対象としたサイエンスカフェを開催するなど，以前ならば考えられなかったよう

---

*13 私の耳で聞く限り，ほとんどの日本人物理学者は「シュレディンガー」と発音しているとしか思えないのであるが，担当の T 嬢によると「シュレーディンガー」と表記する掟になっているらしい．この件に関しては，拙著『解析力学・量子論』（東京大学出版会，2008 年）の脚注，および次稿「レレレのシュレーヂンガー」でじっくりと考察しているのであわせてお読み頂ければ幸いである．ところで福山雅治扮する探偵ガリレオが板書する際正しくシュレーディンガーと書いていることに気づき驚かされた．

な懸命の努力を続けている．物理学研究のみならず日本の将来はもはや女性の肩にかかっているといっても過言でない．及ばずながら私も高校生を対象とする講演会などで今回の探偵ガリレオネタを駆使して，物理学科入学を志す女子高生の割合の飛躍的増加に貢献しようと意気込んでいたのであるが，一度それを果しただけで，そもそも『探偵ガリレオ』のテレビ放映が終了してしまった．東大物理学科さらには日本物理学会をも代表して遺憾の意を表させて頂きたい[*14]．ぜひとも続編の放映を期待する次第である．

　緻密に練り上げられた論理構成を持つ本稿をあえて要約する必要は感じられないが，念には念をということでその理論的帰結をまとめておこう．『僧正殺人事件』『TRICK』『探偵ガリレオ』に代表される古今東西のミステリーの名作を十分鑑賞するためには，物理学の理解が不可欠である．2009年は記念すべき国際天文年でもあるし，大学の物理学科には天文学・宇宙物理学関係の研究室も数多い．この機会に物理学科へ「どんと来い！ 女子高生」[*15]．

[*14] むろん，私にはこれらを公式に代表して発言する権利などどこにもないことはここに明記しておくべきであろう．

[*15] といっても本稿を目にする機会のある女子高生がいるとは思い難い．読者のなかでもしも対象となるお子さん・お孫さんをお持ちの方は，ぜひとも物理学科入学を執拗に勧めていただければ幸いである．

レレレのシュレーヂンガー

2008年9月に東大出版会から『解析力学・量子論』という教科書を出版させて頂いた．何といっても脚注が充実していることが最大の特徴である点は本書と同様である[*1]．従来の教科書ではあまり語られることのない視点[*2]を脚注として思う存分語ってみた．その中には本文の内容とは全く関係なく独自に読める普遍性を誇るものも少なくない．今回はそれらのいくつかを取り上げてさらに考察を深めることで，読者諸賢のご意見を仰ぐとともに，この機会を逃しては物理学の教科書を眺めることなどないはずの読者層発掘にも努めてみたい．

最小作用の原理的人生と微分方程式的人生

ニュートンの運動の法則は，粒子の加速度が力に比例することを主張する．したがって何ら力を受けない粒子は加速度がゼロ，すなわち等速直線運動をする．これは微分方程式を用いて物理現象を記述するという方法論のもっとも簡単な例である．より一般に物理法則は微分方程式で記述されるが，なぜそうなっているのかはわからない[*3]．もちろん若くしてこのような議論に深く迷い込んでしまうようではまっとうな職業的物理屋への道を歩むのは難しい．一方，この微分方程式に到達する方法に「最小作用の原理」という定式化がある．こちらは学部の後期課程あたりで本

[*1] というか本書の元となった『UP』の不定期連載雑文シリーズのおかげで，脚注に磨きがかかったというほうが適切である．

[*2] 主として講義中に行った雑談や，常日頃自分の研究室の学生を相手に繰り返している戯言がもととなっている．

[*3] 微分方程式という数学の言葉で記述されるものだけを物理法則だと解釈しているにすぎないという考えもあり得る．一方それとは全く逆に，自然がどのように振舞うかを規定する究極の書物がどこかに存在し，実はそれは数学という言語で書かれていると信じて疑わないほどの原理主義者もいるらしい．

格的に物理学を学ぶ時に最初に出会う力学の美しい定式化の基礎である．さてここらで読むのを止めようかと悩み始めた皆様，もう少しお待ち頂きたい．難しげなことをひけらかすのが目的ではない．簡単に言えば，出発点とゴールが決められたときに粒子はその所要時間が最小になるような運動をする，という言い換えが最小作用の原理にほかならない．

　微分方程式による記述と最小作用の原理による記述という，一見全く異なるように思える2つの見方が同等であることは驚きである*4．たとえば，電車に乗って目的の駅に着くことを考えよう．通常は簡単である．目的の駅さえ間違わなければ，ドアが自動的に開くのを待ち，そこから降り，動いているエスカレーターに乗って改札を抜ける．つねに次に何をすればよいかは自明でほとんど頭を使う必要がない．これは言うなればごく初歩的な微分方程式を解くような感覚である．

　驚くべきことにイギリスでは必ずしもそのようには進まない．駅に着く．ドアが開くのを待っていると自動ドアでない．あわててドアノブを探すと，電車の内側にはドアノブすらないことに気づく．「ばんなそかな！」*5．どうなっているのか．頭が真っ白になる．さて，どうやれば外に出られるのであろう．正解は実に驚異的としか言いようがないものである．イギリスで実際にそのような列車に乗ったことのない日本人にはけっして信じてもらえそうにないほどだ*6．ただただ落ち着いて，与えられた状

---

*4 学生は変分法という数学の手法を学ばされて初めて，最小作用の原理を微分方程式に翻訳できるようになる．
*5 山田奈緒子（本書「ガリレオ・ガリレオ」参照）．
*6 実際，私がこの話をしても「面白げな話を創っているのではないか」と信じてもらえなかった経験が多々ある．本書のあらゆる文章に共通することであるが，私の記述には（意図的な）嘘偽りは存在しないことをここに高らかと宣言しておきたい（た

況下であらゆる可能性を考慮して最短時間で脱出する方法を模索した結果ようやく気がつく．最小作用の原理が身についていない限りイギリスでは列車から降りられない可能性がある．正解は拙著でしつこいほど丁寧に解説されているので，ここでは述べない*7が，どうしても我慢できない方のために写真だけは載せておく（図1）．ただし実際に見るまでは，これすら合成写真だと疑われても仕方がなかろう．

2008年5月にハワイで開催した国際会議の際，酒を飲みながら数人のイギリス人にこの質問をしたところ全員瞬時に正解を言った*8．しかも「そんなの全く当たり前じゃん（It perfectly makes sense）」とのこと．イギリス人は本当に寛容である．便利さのみを追求してやまない軽薄な日本人への警鐘と解釈すべきであろう．

この話をイギリス人の友人B氏にしたところさらに驚くべきことを教えてもらった．イギリスでは，列車がプラットホームの長さからはみ出るような駅があるらしい*9．日本でもそんな例があるかもしれないが，そんな場合こそドアは開かないので事故は起こらない．しかし，イギリスでは図1の方法に従えばドアは開いてしまう．彼の曾祖母ははるかフランスへの1週間の一

　だし若干の誇張が認められる場合はあるかもしれない）．
*7　購読者発掘が今回の主目的であると明言しているので，批判される理由はどこにもないはずだ．
*8　この国際会議もすでに繰り返し登場した日本学術振興会先端拠点形成事業「暗黒エネルギー研究国際ネットワーク」のサポートを受けて，国立天文台およびジェミニ天文台と共催したものである．再び今後のことを熟慮の上，ここに厚く感謝の意を表させて頂くことにしよう．
*9　図1のCautionの部分をよく眺めるとそのようなことが確かに書かれているが，教えてもらうまでは「ばんなそかな」ことがあるとは夢にも思わず意味がわからないままだった．

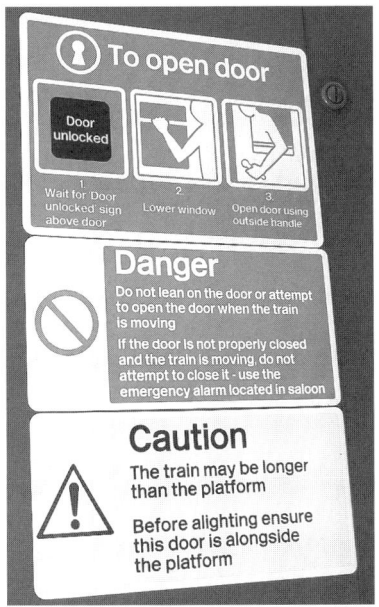

図1 百聞は一見に如かず．2007年10月30日，ロンドンのパヂントン（Paddington）駅にて撮影．

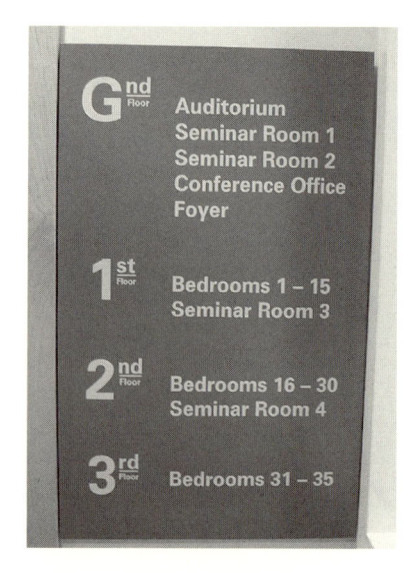

図 2 天下のケンブリッジ大学の宿泊施設のエレベーターの横にある各階の説明．いくらイギリスでも最上階から ground floor, 1st floor, 2nd floor, …と数えるはずはないのだが．

人旅を無事に終え自宅の最寄り駅に着いた．しかし迎えに来ていた家族が懸命に大声で注意をしているさまを，こちらに来いという意味だと勘違いして近寄ってしまい，ホームのない場所から列車を降りて転落．いきなり病院に直行したとのことである．恐るべし，（かつての）文明国イギリス[*10]．

太陽は何色？

高温に熱した鉄の温度をその色からどうやれば推定できるかが，工業的に重要な問題であることは予想できるだろう．実はそ

[*10] ところで，イギリスではエレベーターやエスカレーターの各階説明表示が上下逆になっている場所がある（図 2, 3）．なぜわざわざそのような不自然なことをするのか全く理解できない．まさにそれこそ私がイギリスに魅せられる理由でもある．イギリスネタは奥が深いのでぜひとも別の機会にまた取り上げたいと考えている．

図3　Marks & Spencer ケンブリッジ店のエスカレーター横の店内説明板．ここでも各階の説明が上下逆転している．なんせジェイムズ・ボンドの国である，きっと一言では説明できない秘密の理由が隠されているに違いない．

れを理解するためにはニュートンの打ち立てた古典力学だけでは不十分であり，20世紀初めに量子論が誕生する一つのきっかけとなった．鍵となるのは通常は波として振舞っていると考えられる光が，1個，2個と数えられる粒子としての性質をも同時に持ち合わせている点にある．光をこのように粒子と見なしたものを光子と呼ぶ[*11]．歴史的には光の量子性を考慮したスペクトルは

[*11] ちなみに「みつこ」ではなく「こうし」と呼ぶ．英語では photon なので別に何のひねりもないが，日本語では女性の名前とも成り得る．実際，朝永振一郎が著した「光子の裁判」（岩波文庫『量子力学と私』（1997年）所収）はまさにこれを利用して波乃光子という主人公に光の波動・粒子二重性を演じさせる，という珠玉の量子論の解説である．物質の基本構成要素である原子は，中心に陽子と中性子からなる原子核があり，そのまわりを電子が公転しているというのが直感的なイメージであ

黒体輻射と呼ばれているが，ややこしいことにその色は黒ではない．すべての星は基本的には黒体輻射のスペクトルを示すことになっているのだが，黒い太陽を見た人はいないであろう[*12]．しかしこれはそもそも「黒体」という言葉が目で見える色に対応して定義されているわけではないというだけの話である．

それは別として子供のころ，太陽の絵を描くときに読者の方々は何色で塗ったであろうか．私は保育園[*13]でお日さまを黄色のクレヨンで塗った際，保母さんに大笑いされたトラウマを背負って生きている．「お日さまは赤で塗るのが当たり前よ」と強制されたわけであるが，私の目にはけっして赤くは見えなかった（いまでも見えない）．大人の世界には真実とは異なる不条理な約束事があることを知ってしまった瞬間である[*14]．いまでも，夕日でもないのに赤い太陽の絵を見るにつけ「この子も世の中の悪しき習慣を無理矢理押しつけられているんだなあ」といやな気持ちになる．以前アメリカの子供の絵を見たことがあるが，確か太陽が薄く白っぽい黄色で塗られていたように記憶する．さすがだぞ，自由の国[*15]アメリカ．

る（しかしあくまでもこれは古典論的な直観に過ぎず，量子力学ではこのイメージでは全く理解できない現象があることを学ぶことになる）．T電力のキャラクターとしておなじみの「でんこ」ちゃんも漢字で書くとやはり電子となるのだろう．かつては陽子(ようこ)さんもごくごく普通の名前であったが，最近の若い女性の名前は子がつくほうが珍しくなってしまった．さらに昨今の世相を考えると中性子(ちゅうせいこ)さんという主人公の小説すら登場しかねない．

[*12] 仮に黒く見える人がいたとしても私の部屋に予告なしに現れてクレームをつけるようなことは厳に慎んでほしい．

[*13] 高知県室戸市吉良川町立保育園．身近に幼稚園などなかったため，私は大学生になるまで幼稚園と保育園は同じものだと思い込んでいた．

[*14] ♪真っ赤に燃ーえたー，太陽だーからー，真夏の海はー，恋の季節なのー♪（JASRAC 出1002530-001）

[*15] 本当か？

シュレーディンガー

原子スケールの世界を記述する方程式を初めて書き下したのはオーストリアの Schrödinger である．せっかくの機会なので意味もなく式を書き下しておくとこんな感じである．

$$i\hbar\frac{\partial \psi(\boldsymbol{r},t)}{\partial t} = \left[-\frac{\hbar^2}{2m}\Delta + U(\boldsymbol{r})\right]\psi(\boldsymbol{r},t)$$

これが Schrödinger 方程式と呼ばれる量子力学の基本方程式である．ただし以下の話にこの式の意味は何も関係しないので説明は完全に省略する[*16]．重要なのはこの人名をどう読み，さらにカタカナではどう表記するかという点に尽きる．

日本人物理関係者のほとんどは「シュレディンガー」と発音していると思う．そこで最初の原稿では脚注としてこの事情を説明した後は，一貫して「シュレディンガー」と書くことに決めた[*17]．しかし担当のＴ嬢からただちにクレームがついたのだ．『理化学辞典』では「レー」となっているし，某先生からも「レー」とするように厳しく申し渡されているとのこと．いつもは寛容な彼女から涙目で懇願されてしまい，不承不承「レー」に変更することとした[*18]．

しかし思い込みとは恐ろしい．「レー」と書いてある教科書な

[*16] もちろん拙著では，この式の意味が嫌というほど丁寧に説明されている（本当に嫌になってしまう人のほうが多いかもしれないが……）．
[*17] 本書「ガリレオ・ガリレオ」参照．
[*18] しかし，そう伝えた瞬間「では原稿の脚注は全く逆にして，『レ』に聞こえるのだが『レー』にする，と書き直しておいてくださいね」ときっぱり．もちろん彼女の目に浮かんでいたはずの涙はすでに乾ききっていた．さすがはプロ（あるいは校正のしすぎでドライアイ症候群を患っているのかもしれない）．うかつに心を許した私が浅はかであった．

どほとんどないはずだと確信していたのだが，手元にある教科書 10 冊を調べたところ，6 冊はシュレーディンガー，3 冊は原綴りのままカタカナなし，シュレディンガーはわずか 1 冊のみであった[19]．思わず，娘が習字で「希望」と書いたときにコメントを求められたことを思い出す．「とても上手なんだけど，望の『月』の部分が右に傾いてるね．真っ直ぐにしたらもっと良かったね」「でも学校で先生に『月』は傾いていると習ったよ」「ばんなそかな」．あわてて見直すと確かにあらゆる書物において活字で書かれた望の月は傾いている．信じられない．私の気がつかないうちに，すべての書物の望の活字を置き換えるという壮大な国家プロジェクトが進行していたとは……．

ひらがなの「そ」でも同様の経験がある．「そは何画か？」と聞かれたので「2 画か 3 画だろう」と答えたところ，「1 画だよ」と笑われた．活字をよく見ると，確かに「そ」の上の部分がくっついている．わかりやすく言えば，一筆書きできるということである．私の子供のころの「そ」は明らかに左上に位置する領域はくっきりと離れていたはずだ．いずれにせよ，このような国家規模の改ざんプロジェクトが私の気づかぬところで秘密裏に進行している真の目的は何なのだろう．薄気味悪い世の中になってきたものだ[20]．

もちろんこれらはいずれもどうでもいいことだと承知はしている．しかし外国語をカタカナ表記すること自体にそもそも無理が

---

[19] その後数人の同僚の先生にこの話をしたところ，「えー，シュレディンガーじゃないんですか？」と驚いて頂いた方が 4 名いらっしゃった．相対論の講義の際に物理学科の学生約 100 名に聞いたところ，3 名を除いて残りは全員がシュレディンガーのほうに手を挙げた．このことからもやはり大半の先生方はシュレディンガーと発音していることがわかる．

[20] ぜひとも読者のみなさんも夜道の一人歩きには十分気をつけて頂きたい．

あるのだから，表記にも自由度を許容すべきだ，という至極穏やかな主張をしているだけだ．「レ」に比べて「レー」が明らかに優れているとは思えない．だからこそ個人の自由に任せても良いのではないかと思うわけで，国民全体で「レー」にせよという流れに日本の将来の危うさを感じ，憂いてしまうのである．「レレレのおじさん」を「レレレーのおじさん」と呼ぶ法律を制定するに匹敵するほどの暴挙といえよう[*21]．このようなことを繰り返しているようでは，日本国民は過去の戦争から何も学んでいないという非難も甘んじて受けざるを得まい．

　このような例は枚挙に暇がない．ハンブルグをハンブルクと強制するのであれば，ハンバーガーではなくハンブルカーと言ってほしい．理科系のユークリッドと文科系のエウクレイデスはどうしてくれる[*22]．これを同一人物であるとただちに看破できる人がいたら顔を見てみたい[*23]．なぜかmailはメールと書くことが普通となっているようで，それを知らずにメイルと書くことに決めてしまっている私はパソコンで入力するたびに気が滅入るはめになる．大名古屋ビルディングではなく大名古屋ビルヂングが正しいと言うならば，シュレーディンガーもまたシュレーヂンガーでなくてはならないし，コーヒーはコーフィーにしろ[*24]．私の尊敬するO先輩は「アメリカのレストランで俺がコーヒープリーズと言うと必ずコークがでてくるぞ」を自慢としている

[*21]　この文章を書いた後で赤塚不二夫氏の訃報を知った．心からご冥福をお祈りする．
[*22]　本書「ガリレオ・ガリレオ」参照．
[*23]　あくまで成り行き上のコメントなので，脚注12と同様，突然私の部屋に顔を見せに来ることは厳に慎んでほしい．
[*24]　もはやこれらの例の間には明確な論理的つながりは感じられないが，ぜひとも温かい目で見守りながら読み進めて頂きたい．

ぞ[*25].「レ」か「レー」かなどという瑣末な点を問題にする以前に,このような事態を避けるべく英語教育に力を入れることこそ自国民の食の安全を守る義務のある日本政府が取りかかるべき優先課題ではないだろうか.がんばれよ,文科省.

理由の理由

世の中の不思議な物事に対して合理的説明を与えるのが物理学である.しかし何をもって納得し満足すべきかと聞かれると難しい.数学は公理から出発する.公理を取り上げて正しいか間違っているかと聞くのは無意味である.そもそも「信じるものは救われる」以上のものではなく,気にいらない人は別の公理系から出発するしかない.しかし物理学の場合はそうもいかない.公理は自分が好き勝手に選べるものではなく,自然界がすでに採用してしまったものだからだ.自然界が採用しなかった公理系から出発してしまった哀れな物理屋は,この世の中の現象を説明すべく報われることのない努力を永遠に続ける羽目になる.

下の娘が小学校低学年のころ,「直列接続された2個の豆電球のうちの1個の両端を導線でショートさせるとその豆電球がつかなくなるのはなぜか」と質問された.もちろん「豆電球の中を通るほうが抵抗が大きいので電流が流れにくいから,もっと流れやすい導線の中を通るほうを選ぶのだ」と答えた.分別のある生徒であればこれで終わりである.しかし分別のない娘は「電流はどうしてそんなことを知っているのか,電流は天才なのか」とさらに詰め寄ってくる.んんん,もっともである.私の「回答」は

[*25] この話題のどこに自慢できる要素があるのか皆目理解できないが,彼はこの話になるといつも鼻高々である.

単なる事実提示でしかなく,「ではなぜそのようなことが起こるのか」に関して納得できる「解答」ではない. しかし物理学とは本質的にそのような論理体系であることもまた事実である.

　大学の先生は一般の方々が不思議に思うことのほとんどすべてにいつでも答えてくれるはずだ. 彼ら／彼女らが答えることのできない質問をただちに思いつくことは困難である[*26]. しかし, 5回ほどしつこく問い続けることが許されるならば話は異なる.

Q1 「物質は何からできているんですか?」

A1 「原子です」

Q2 「その原子は何からできているんですか」

A2 「原子核と電子です」

Q3 「では原子核は何からできているんですか?」

A3 「陽子と中性子です」

Q4 「じゃあ陽子と中性子は何からできているんですか?」

A4 「それぞれがクォーク3個からできています」

Q5 「それではクォークは何からできているんですか?」

A5 「クォークはいまのところそれ以上分割できない素粒子だと考えられていますが, 実はさらにその下に, より根源的な階層があるのかもしれません」

Q6 「どっちなんですか, はっきりしてください」

A6 「……」

[*26] あくまで無数に生息している大学の先生の「誰かは」ということであり,「誰でも」という意味ではない. 大学の物理学の教授に対して, 中学生でも知っているような基礎的な生物学の質問をする無礼はけっして許されるものではない. これから講演会に出席される予定がある方々は当然のマナーとしてぜひとも心しておいて頂きたい. 我が家の娘は, 宇宙物理学の論文を数多く発表していると称する父親に向かって, 小学校で学ぶような「夏の大三角とは何か」などという失礼な質問をすることはけっしてない.「パパは星の話は何も知らないからねー」と, 侮蔑のこもった一瞥をかましてくれるだけだ. 礼節をわきまえた親孝行な娘を持った幸せを痛感する.

この種の論法は非常に普遍的なものであり，昔から禅問答として知られている．このように自然界の法則は階層的である．つまり，ある現象を説明すると，さらにより深いレベル[*27]での説明が必要となる．幸いなことに一般講演会の後の質疑応答では質問者は1回しか質問できないことが多いので，先生が追い詰められることはない．運悪くQ6まで質問が深まってしまったときでも，司会者が「残念ですがもう時間となってしまいました．先生はこれから別の会議がありますので，ここで終了させて頂きます」と場をおさめてくれる段取りになっているので安心である．頼んだぞ，進行係．

　さて，完全に話題が発散してしまった感は否めない．むろんこれは今回に限ったことではない．しかしいままでとは異なり，今回は「万人に力学を」という深い政治的な思想を秘めたサブリミナル雑文であったことだけは明白であろう．誤解を避けるために言っておくと，『解析力学・量子論』はあくまで大学の理工系学部2，3年生を対象とした教科書なのであり，本文を理解するためにはそれなりの数学的知識が必要である．しかしながらそこに散りばめられた200個以上の脚注を通じて，今回紹介できなかった話題をも含めた物理学的世界観を垣間見ていただけるならば筆者の望外の喜びである．まかせたぞ，東大出版会．

[*27] 本稿の趣旨から言えばレヴェルと書くべきかもしれない．

一般二相対論

一般に，物理屋はアインシュタインの一般相対性理論を指して，一般相対論，あるいは単に相対論と呼ぶことが多い．専門家以外の一般の方々が相対論と聞くとむしろ特殊相対論を思い浮かべるかもしれないが，特殊な人々は一般相対論を思い浮かべるというわけである．相対論は，物理法則を記述する方程式はどのような座標系を用いて書いても同じ形になることを保証するという一般相対性原理を出発点とする．こう聞くとなにやら難しそうであるが，物事の善悪，真偽，○×に絶対的な基準が存在するわけではなく，あくまでそれらを取り巻く環境との相対的な関係によって決まるのだ，と言い換えてみるとにわかに深い人生訓の様相を帯び，しみじみと心に訴えてくる気がする．そこで今回は，世の中は一般に相対論で満ち溢れているという私の日頃の主張を思いっきり展開してみたい．

マナーの相対性

　実は私はいま，この文章を韓国金浦空港待合室で書いている．韓国に旅行した経験をお持ちの方は当然ご存知であろうが，食事の際，ステンレスのお箸とスプーンが必ずセットで出てくる．またほとんどの場合，ご飯は金属の器に入った状態で提供される．お茶碗は必ず手に持って食べるようにというしつけを忠実に守る年配の日本人はやけどをしてしまう一方で，犬食いをすることの多い昨今の日本の若者は何も疑問を感じることなく石焼ビビンバやプルゴキなど本場の韓国料理を思う存分堪能できてしまうのである．

　むろんこれには理由がある．日本では，人間には手があるのだから食事をするときにはお椀の類を手で口元まで近づけて食べる

図1　韓国における典型的な食事の配膳例

べきであると考える．当然，手で持ってもやけどしないように，茶碗には熱伝導率の高い材質は用いない．一方韓国では，器を手に持ち上げたままで食事をすると，あたかも物乞いをしているような印象を与えるようだ．そのために食器を手に持つことは悪いマナーであるとされる．ご飯の器を金属製にすることで熱くて持てないように意図的に設計しているのかもしれない．そうすることで，マナーの悪い不心得者を厳しく処罰しているわけである．同様に，汁物もまたお椀を持ち上げることはご法度であるから，お椀の端に口をつけて飲むことはできない．そのため韓国ではスプーンが必須となる．

　このように頭で理解はしていても，長年の習性はすぐには直らない．極めてしつけの厳格な高知県の家庭に育った私は，韓国で何度も無意識にご飯の器を手に持って「アチー」と叫び，同じテーブルの韓国の先生方に白い目で眺められ，「教養の低い日本人」というレッテルを貼られる羽目になる．それとは全く逆に，日本ではいつも犬食いはやめろと親に注意されてばかりいる我が

図2 当時私の大学院生であった日本人（白田君：仮名）がハンカチを用いて容器を持ち，ご飯をビビンバ（厳密にはご飯と混ぜ合わされた結果がビビンバなので，ビビンバの具と言うべきかも）に混ぜようと奮闘している様子（ソウル大学の学生食堂にて撮影）．これは一見極めて礼儀正しい作法にも見えるが，本場ではやはりご法度なのであろう．

愛娘こそ，韓国ではしつけの行き届いた日本人という名声をほしいままにし，未来の日韓関係に大きく貢献する役割を演じてしまうのである*1．韓国を修学旅行先に選ぶ日本の高校が増えてい

---

*1 以前，韓国で開かれた国際会議の夕食時，韓国人の方がいないテーブルで外国人参加者を相手に私がこの薀蓄を披露して得意になっていたことがある．「その証拠に，隣のテーブルの韓国の人の食べ方を注意して見よ」と伝えたところ，韓国人の大学院生が容器を手に持ちながら，直接口につけて汁物を思いっきりすすっているところであった．若者のマナーが乱れているのはけっして日本だけの問題ではないようだ．その一方で，別の機会の際にたまたま私の横に座った韓国人大学院生は，ビールを飲むときに決まって私から顔をそむけてなにやら口元を隠している．私が失礼なことをしたのだろうかと不安になり尋ねてみたところ，目上の人にお酒を飲んでいるところを見せるのは韓国ではマナー違反なのだと言う．儒教的精神がいまでも生きている韓国文化におおいに感銘を受けた．飲みすぎるなと釘をさしているにもかかわらず，いつもべろんべろんになって羽目をはずすのが常となっている私の研究室の某大学院生N君（本書校正時に学位を取得してしまった）はぜひ見習ってほしい．

る理由もまさにここにあるのだろう.

　というわけで，目の前に神奈川県某高校の修学旅行生が列をなして羽田行き飛行機の搭乗を待っている．2人でしゃべっている男子高校生コンビのところに，なにやら女子高校生3人組が近づいて話しかける．どうやら記念撮影をするらしい．まずは片方の男子が女子所有のデジカメ3台を持ち，繰り返し撮影をする．そのたびに，「あー，変な顔しちゃったからやり直して」「もっとこっちの角度から写してよ」となかなか注文が細かく，かつ厳しい．やっと撮影が終わったようだ．今度はもう一人の男子が撮影役の順番だろう，と思って見ていると，「じゃーねー」「修学旅行の良い思い出になったよね」などと言いながら3人組は楽しそうにどこかへ去ってしまったのだ．

　衝撃であった．私の目にはその男子高校生2人の容姿にこれといった差異は見出せない．にもかかわらず，3人組にとっては相対的な違いが明確であったのであろう[*2]．撮影役だけを押しつけられながら罵倒までされたあげく，結局一顧だにされず終わった男子高校生を待ち受けているであろう長い人生を考えると目頭が熱くなる[*3]．30年以上前の自分の姿がだぶって見えてくる[*4]．でもね，人間などしょせん，絶対的な評価ではなく，

[*2] もちろん外見ではなく内面の問題であった可能性は否定できないが，女子高校生3名の挙動をじっくりと観察した限りでは，外見にとらわれることなく内面を評価するようなタイプとは思えなかったのでその可能性は論理的に排除できる．

[*3] 女子高校生は正直であり，だからこそ残酷である．彼女らも二十歳を過ぎるころになれば，このような状況においてはいちおう残りの一人とも一緒に写真を撮影するという大人の社会常識を身につけているに違いない（いや，そうあってほしいと切実に願う）．仮にそちらのほうの写真は何のためらいもなく後日消去される運命にあるとしても．

[*4] ♪十五，十六，十七と，私の人生暗かったー，過去はどんなに暗くともー，夢は夜ひらく♪（JASRAC　出1002530-001）

図3 ペットボトルのお茶が16成分から抽出されていようと17成分であろうと，その絶対的な違いを指摘できるほど舌の肥えた消費者はいないであろう（仮にいたとしても，そのような方はペットボトルのお茶で満足しているとは思いがたいので，消費者としては対象外となる）．つまり，どこかの国で販売されている16成分からなるお茶より1成分多いという相対的な感覚だけが大切なのである．

あくまで相対的な評価しかできない悲しい生き物なのだよ．大丈夫，これから飛行機が無人島に緊急着陸し，そこに君とあの3人組しか生き残らなかったとすれば，彼女らもきっと君のことをふりむいてくれるはず[*5]．

言語の相対性

相対的と言えば，日本人はそもそも相手の立場に立って相対的な思考ができる国民である．下に弟がいれば，親からも「お兄ちゃん」と呼ばれる．やがて自分に子供が生まれると妻からも「お

[*5] 結果は別として，希望を持ち続けることこそ人生においてもっとも大切なことである．いくら可能性が低くとも……．

父さん」,さらに孫ができると妻からも子供からも「おじいちゃん」と呼ばれるようになる.意を汲んで無理やり英語に訳すならばそれぞれ elder brother of your younger brother, father of our children, grandfather of your grandchildren となるはずだから,名称の原点となる基準点が時々刻々変化していることがよくわかる.座標系の選び方の任意性を保証する一般相対性原理の良い例である.英語では,子供ができようが孫ができようが,それとは無関係に奥さんからはファーストネームで呼ばれ続けるので,いわばつねに3次元の xyz 座標系だけを使っているようなものである.

この思考法の違いは日本人がもっとも不得意とする否定疑問文に対する答え方の場合に一層顕著となる.Do you like〜と聞かれようが Don't you like〜と聞かれようがそれには全くおかまいなく,自分が好きなら Yes,嫌いなら No と答えるような言語構造で思考している人々にとって正しい相対論マインドを身につけることは容易でなかろう*6.英語においては明確な自己主張こそ絶対的であり,質問者の意図との相対的関係など気にしない.この意味において,日本語は相対論的言語であると結論しても良かろう.

ところで,私はエレベーターを使う際ですらどちらのボタンを

---

*6 マインドといえば,Do you mind〜? という質問に対して Of course, not! あるいは Not at all! などと笑顔で即答できる日本人がいたらお目にかかってみたい(この文は,そのような嫌味な日本人には絶対会いたくないという意味に解釈すべきである).私などは,この質問を聞くと正しく答えるべく少なくとも数分は沈思黙考せざるを得ない.たいていの日本人は「イ,イエス」と答えた上に,何かとりつくろったような笑顔まで振りまいてしまい,そもそも想定外の「イエス」という返事の前にやや気まずい思いでいる相手を一層混乱させてしまうはずだ.ましてや,Don't you mind〜? などと質問されてしまうと,私は少なくとも2枚のレポート用紙に可能性を書き尽くして考えなくては何と答えてよいかわからない.

押すべきか迷うことが多い．自分の研究室がある9階から下の階に降りる場合を考えてみよう．エレベーターが3階にいるとすれば，「お忙しいところ誠に申し訳ありませんが上まで一度お越しいただけませんでしょうか？」という気持ちをこめてまずは外にある上向き矢印ボタンを押してから待ちたいという衝動にかられるのである．礼儀正しくつねに相対的な関係に気配りをする日本人であれば，必ずや誰もが同様の経験をお持ちのことだろう．もちろんアメリカ人の場合，自分が下に行きたければ下向き矢印ボタン，上に行きたければ上向き矢印ボタンを無反省に押すことであろう．現在エレベーターがどのような思いで待機しており，どの階からどのような苦労をして自分の階に来るのかなどという配慮は感じられない．これは言語体系がそれを用いる人々の心理を支配する例である．英語は非相対論的言語であると結論しても良かろう[*7]．

○×の相対性

日本語と英語の違いに限らず，暗黙のうちに記号に付与されている意味もまた国によって異なっている．いまから20年以上も前，アメリカコロラド州アスペンで開催された会議で講演をしたときのことである．宇宙に対する異なる理論モデルが，当時の複数の天文学観測データをどの程度うまく再現できるかについて○△×の表を作成して説明した．なかなかわかりやすい表であると一人悦にいっていた私に「○と×はどちらが優れているという意

[*7] このくだりを読んだ友人のNさんから，そんなくだらないことに悩むのであれば自分のためにも地球のためにもエレベーターではなく階段を使うのが筋ではないかと叱責された．その通りである．おかげでまた一つ大人になったような気がする．

味なのか」という質問が出た*8.

そもそも何を聞かれているかすら，すぐには理解できなかった．日本人にとって，○は正解，×は不正解というのは全く自明のお約束である*9．しかしこの約束自体，実は国際的に通用する絶対的取り決めではなかったのだ．

その後の私的調査の結果によると*10，中国，インド，イタリア，フランス，アメリカなどでは，正解は✓，完全な不正解は×とのこと．もし○がついているとその解答はこの部分がおかしいぞという意味を持つらしい．ロシアでは，正解には何もつけず不正解に×あるいは下線を引く．ドイツでは正解に✓，不正解に下線をつけることもあるが，それぞれ小さく r（richtig），f（falsch）と書き込む先生が多いらしい*11．

---

*8 英語ではサークル（circle）とクロス（cross）と呼ぶ．ただし，＋もまたクロスと呼ぶことがあるので（十字架もクロスである）注意が必要である．私は×をバツ，✓をペケと区別して読んでいる．バツはそもそも「罰点」から来ているのであろう．ところで以前，×をペケと読んでいる人がいることを知って驚いたことがある．これは単なる方言なのか，それともむしろ多数派なのであろうか？（その後大阪出身の K 先生から，自分は子供のころからずっと×はペケとだけ読んでいたので，東京に来てから×をバツと読むことを知って驚いたというメイルを頂いた．私とは全く逆の経験をお持ちの方もいらっしゃるようである．何にせよ，このようなことで偉い先生からわざわざメイルを頂いてしまい恐縮至極である．）

*9 この話をしたところ，教養の高い友人の一人である S さんは即座に「日本は日の丸の国だからかしら」とのたもうた．99.9% は眉唾のような気もする一方で，あながち否定もしきれない秀逸な説である．ちなみに韓国人の P 教授に聞いたところ，やはり正解は○，不正解は×であるそうだ．彼もまたこれが国際標準でないことに非常に驚いていたが，ひょっとしたら戦前に行われた日本式教育の名残なのかもしれないと付け加えていた．何か少し藪蛇のような気もしてきたので，それ以上真相を掘り下げることはしていない．

*10 私の恩師の定年にあわせた国際会議のバンケット（2008 年 11 月 13 日）の際に，参加者に片っ端から聞いて回った結果である（そのような場所で一体何をやっているのか，という批判もあり得ようが一方で余計なお世話という気もするのでご容赦頂きたい）．これをさらに系統的に研究すれば，伝説となっている探偵ナイトスクープの『全国アホ・バカ分布考』にせまる学問的意義を持ち得る成果にまで発展するかもしれない．私の定年後の研究テーマに取っておくとしよう．

*11 その後ドイツ人の学生 R 君にも同様の質問をしたところ，彼は f を書くのは一

考えてみれば，記号はあくまで相対的な取り決めのもとで意味が付与されているにすぎないことは自明である．しかしながら，そのようなことになかなか思い当たらなかった自分を悔やんでも悔やみきれない*12．明日から何を信じて生きていくべきか不安に押しつぶされそうになる．自分が何の根拠もなく抱いていた絶対的世界観がもろくも崩れ去っていくことを実感する．自分の人生の中に相対性原理を見た歴史的瞬間である．

表1 ○×の国際比較

	正解	不正解
日本	○	✓, ×
韓国	○	×
中国・インド・イタリア・フランス・アメリカ	✓	○, ×
ドイツ	✓, (r)	f, (下線あるいは縦棒を引く)
ロシア	何もかかない	×, (下線を引く)

天文観測の相対性

さてここまでは本書の通奏低音とも言うべき，人生の中にひっそりと隠れている物理学の原理の役割をあぶり出すことで物理学的世界観を布教しようとするさりげない試みの一環であった．もちろんここまで付き合って頂いた読者はすでに相対論の真髄を会得したであろうことを確信する．というわけでここからがいよい

般的であるがrをつける場合は見たことがなく昔の習慣であろうと言っていた．答案の採点記号が地域のみならず時間的にも変化することがわかる．1次元の時間と3次元空間を4次元時空として統一的に扱う相対論の真髄を示す好例と言えよう．

*12 この○×話でひとしきり盛り上がった後で，アメリカ人博士研究員であるR君が「日本人は分数を手書きする際に，分母が先で分子は後という順番なのを見て驚いた」と教えてくれた．確かに日本語ではB/Aを「A分のB」と読むが，英語では「BオーバーA」である．当然，式を書く際にもこの順番が反映される．言われてみればあたりまえではあるが，いままで見逃していた面白い例である．

よ本論である．覚悟して頂きたい．

　天文学とは夜空を覆う闇の中で光輝く天体だけを観測し研究する学問だと思われていることだろう．その証拠に，太陽が昇っている明るい時間帯にはほとんどの天文学者は寝ているものと一般には固く信じられている．もちろん闇の存在は本質的であり，それなしに天体を観測することはほぼ不可能である[*13]．しかしながら，夜な夜な観測に励む天文学者が光輝く天体を観測し宇宙の果てを見通すことによって得た驚くべき結論は，宇宙の大半が光を発することのない暗黒成分によって占められていることであった．宇宙の全エネルギー密度のうち，4分の3がダークエネルギー，5分の1がダークマター，残ったわずか4パーセントが通常の元素であるとされている．「見えているもの」だけがすべてではなかったのである．それどころか，宇宙の大半は「見えないもの」からなっているというほうが適切なのだ．

　そこでまず「ものを見る」ことができる理由を考えてみよう．「夜空の星を見る」場合，我々は空の明るさの場所ごとの違いを見ているはずだ．その結果，大半の暗い場所には何もなく，明るい場所にこそ何かがあると解釈する．その小さな領域で光っている何かを「星」と呼んでいるわけだ．これはあくまで相対的な比較にすぎない．論理的には，実は明るい領域には何もなく，暗い領域にこそ何かが満ちているという可能性も否定できまい[*14]．

[*13] 岩波科学ライブラリー152『ブックガイド〈宇宙〉を読む』(岩波書店，2008年) 第9章参照．

[*14] 鳥かごに飼われている小鳥を見て，「こんなところに閉じ込められてかわいそう」と考える優しい人も多いかもしれないが，哲学の教育を受けた小鳥がいれば「閉じ込められているのは自分ではなく，この鳥かごの外にいるあなたの世界のほうではないか」と悠然と言い放つかもしれない．いわゆるヒキコモリの息子を「なぜ外に出てこようとしないのだ」と叱責した親が，「引きこもっているのはそっちのほうだ」と言

つまりここでもまた「相対的」な違いが観測されることが本質なのであり,「見えない＝存在しない」という図式は単純すぎる.

星の大集団である銀河の外側の領域は全く光を発していないにもかかわらず,銀河の質量の大半はまさにその暗い領域が担っていることが知られている.そこに存在している未解明の物質をダークマターと呼ぶ.自ら光は発せずとも万有引力は働くから,周りに存在する天体の運動には観測可能な影響を及ぼす.ダークマターの存在は,まさにその周辺の星や銀河の運動の正確な解析を通じて突き止められた.ダークマターがない場所とある場所では,輝く天体は異なる運動をする.その意味において,ダークマターの存在もつまるところ観測結果を相対的に比較することによって発見されたものなのだ.

ダークエネルギーと真空の相対性

ではさらに突きつめて「宇宙全体を完全に一様に満たしているような成分があったならば,その存在を知ることはできるのだろうか」という問いにはどう答えればよいであろう.「ものを見る」という行為はしょせん相対的でしかあり得ないのか,あるいは逆に絶対的観測もまた可能なのか,という厄介な難問である.「真空は本当にからっぽなのか」といういささか扇情的な表現もできよう[*15]. しかしこれは単なる哲学的状況設定なのではなく,宇宙を一様に満たしているダークエネルギーの存在という 20 世紀天文学の驚愕すべき発見がなぜ可能であったのか,という疑問そ

い負かされたというまことしやかな話を聞いたことがある.これらは,数学や物理学で重要となる双対性という概念にも通ずる重要な議論と言える.

[*15] アメリカでは,普通 vacuum と言えば掃除機のことを指すから,真空 (vacuum) が無ではないという驚愕的な可能性はすでに一般市民にまで定着している.

のものなのである．

　かつて小林康夫先生が「坂本龍一氏と対談した際に，アフリカの草原があまりにも静かだったので，その『静けさ』を録音したところ，録音機械の音しか入っていなかったという話を聞いた」とお書きになっているのを読んで*16，思わずなるほど，と共感させられた．同様のことは，「真の暗闇を写真に撮影したところ何も写らなかった」「酔っ払って帰宅したところ，酒臭いから近づくなと家族に怒られた」「入省以来，残業後には必ずタクシーで帰宅し，ビールとおつまみをいつもサービスしてもらっていたので，これが悪いなどとは夢にも思わなかった」「駐車違反やいうけど何で私だけ罰金払わんとあかんの．おんなじことやっとる人がなんぼでもおるやんか」など応用範囲が広い*17．まさにこれらこそ，世の中一般に絶対的ではなく相対的なもので動いていることを思わせる例である．

　一様成分の認識可能性に対する哲学的な考察はさておき，宇宙がそのような存在，すなわちダークエネルギーによって満たされている解釈はほぼ信じられている．しかしこれとても実は絶対的な測定に基づいているわけではない．現在，数十億年前，137億年前という異なる時刻における宇宙膨張の観測データを比較することで，空間的ではなく，時間軸に沿った「相対的な」違いを見ているのである．過去にひっそりと存在していたダークエネルギーは，いまや宇宙膨張を加速させる立役者であり，さらに未来の宇宙を指数関数的に膨張させる原動力となるものと考えられて

---

*16　小林康夫『知のオデュッセイア』（東京大学出版会，2009 年）．
*17　後になるともはや類似性を見出すことが困難な例に発展してしまっているような気もするが，いつものことであるのでご勘弁を．

いる．私の人生などというケチクサイ話どころか，我々の宇宙そのものもまた，♪過去はどんなに暗くともー，夢は夜ひらくー♪なのだ．

　それにしても宇宙空間を一様に満たしている絶対的な存在が宇宙の力学に本当に影響を及ぼすかどうかは自明ではない．我々の身近な現象だけからはけっしてダークエネルギーの存在を知ることはできない．通常のニュートン力学では，そのような絶対的な存在は観測できる影響を及ぼさないことになっている．しかし，一般相対論によれば，宇宙を一様に満たすダークエネルギーの有無が宇宙の進化に観測可能な影響を及ぼすことが示される．「相対」論によって「絶対」的存在がわかるというのは皮肉である．世の中はやっぱり，一般ニ相対論．

ニュートン算の功罪

娘が小学校高学年ともなると，勉強を教えざるを得ない機会が増えてくる．いちおう，大学教員としての自負を持って望むものの，結果的には娘が父親に対するそこはかとない不信感を抱いたままで終わることも多い．いまからでも遅くない，人生を義務教育からやり直そうかと思いつめることもまた少なくない．振り出しに戻る，というフレーズが頭をよぎる．恥をしのんでそのいくつかの例を紹介しながら，我が国の初等教育の現状に一石を投じてみたい[*1]．

上弦の月だったっけ？

小学校では，とにかくものの名前を暗記することが大切だとされているようだ．月の満ち欠けの単元では，三日月，上弦の月，下弦の月を覚えさせられる．実はそれらの厳密な定義を知らなかった私は，娘と一緒に問題集を解いた際，のきなみ不正解を連発し，親子関係がやや気まずくなった．仕方なしに参考書の解説を見ると，右端の一部だけが光った状態が三日月であり，反対の左側が光った状態は三日月とは呼ばないらしい．読者の皆様はご存知でしたか？　三日月をフランス語では croissant と呼ぶ[*2]．こ

[*1] この書き出しからして，深く反省した態度が感じられないような気もするが……．
[*2] ここまで本書を読み進めて頂いた方はすでに予想されていると思うが，私はえせフランス語ファンである．わずかばかりのフランス語の知識を針小棒大にふれまわる性癖があるのであらかじめご注意申し上げる．大学の近くにある「ルベソンベール」(lever son verre) というレストランの名前を「彼女の顔にかかっているベールをそっと上げる」という美しい意味であると 10 人以上の友人に蘊蓄をたれていい気になっていた．ある日，正真正銘のフランス人を連れて行った際「きれいな名前だよね」と言ったところ，「それは違う．グラスを上げて（一緒に飲もう）」という意味であると教えられ愕然とした．もしもこの話を聞いた方がいればここに訂正させて頂きたい．というのも，私がこの間違いをある友人に話したところ，「ベールを上げるという意味だと別の人からも聞いたような気がする」と言われたのである．本当に独立ならば気にせずとも良いが，万が一私の無知にもとづく誤解がすでに第三者にまで蔓延

れは増加するという動詞 croître の現在分詞なので「増加しつつある」が原義である*3. 英語では crescent moon と呼ぶが，これもやはり同じラテン系の言葉なのであろう（音楽で登場するイタリア語のクレッシェンドと似ているし）. というわけで，これから明るい右側の部分が増加する状態だけを指して三日月と呼ぶのは理にかなっている. なるほどね，と思い納得した.

では，上弦と下弦と呼ぶのはなぜか？ 単純には，弦が上（下）側にあるから，ということも考えられるが，その場合，弦の「向き」をあらかじめ定義しておく必要がある. 光って見えている部分だけを円の一部と定義すれば，その弧の部分に対して弦が上側であろうと，暗くて見えていない部分によって定義するならば逆に弦は下側ということになる. 本書の「一般ニ相対論」を読まれた方ならばすでにその定義の甘さ，あるいは双対性の概念の欠如にお気づきであろう. この緻密な論理構成によって，上弦と下弦は定義できないということが結論されたのである.

ひょっとすると天文学の歴史を変えかねない大発見ではなかろうか. ここぞとばかり娘に向かって「上弦や下弦などという呼び方は未定義だぞ」と力説するものの，彼女のほうは「はいはい，わかりました」という顔で全く取りあう気配が感じられない. その後，アマチュア向け天文雑誌の編集部の K さんに教えてもら

しているとすれば由々しき事態である.
*3 パンのクロワッサンの名前の由来が，焼いているうちに膨れてくるからなのか，あるいは三日月状だからなのかは知らない. 私の研究室のフランス人研究員 S 君に尋ねてみたところ，彼は「クロワッサンとは三日月形の形状を意味する名詞だ」とだけ主張した. そこで私が上記の解釈を伝えたところ「なるほどそうだったのか，勉強になった. トレビアーン！」と納得しほめてくれた. この私が本当のフランス人にフランス語を教えてしまうとは！ 30 年以上前に教養学部の第二外国語でフランス語を選択しておいて本当に良かった.

いすっきり解決した．答えは，新月から数えて三日目の月が三日月*4，（月齢で）上旬ごろに見える月が上弦，下旬のころの月が下弦なのだそうである（図1参照）．これならば定義は明確で文句のつけようがない．言われてみれば，十五夜という言葉からも，新月から数えるということに容易に思い当たったはず．世紀の発見かと思われた問題も，結局は単に自分のアホさを思い知っただけであった*5．

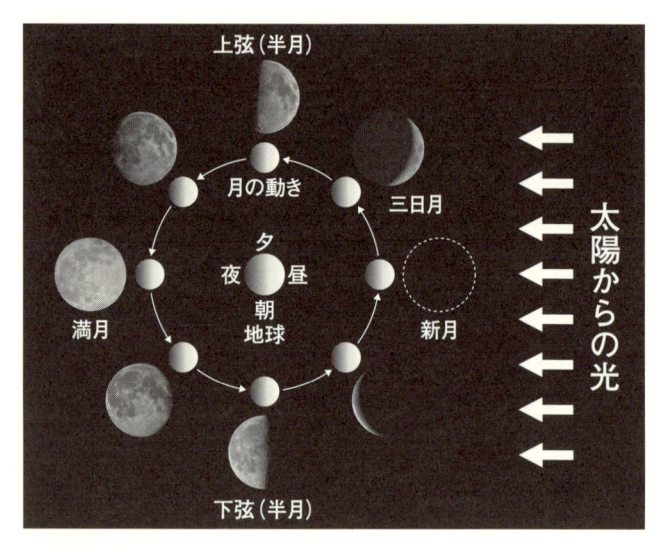

図1 月の満ち欠け（2008年10月13日から2009年8月29日の間に喜多伸介氏が撮影された写真を用いて作成）

---

*4 新月の三日前に左側だけが光った状態には正式な名前がなく，逆三日月と呼んでいる人もいるらしい．ちなみに南半球では左と右が逆転するのでますますわけがわからなくなるのだが……．

*5 「三日月を，サーンかづきと呼びアホになる．」2008年ならまだしも，本書が出版された時点でもまだ，このくだらないオチがわかる人がいるだろうか……．しかしながらさらに数十年後には，2008年の日本社会における一過性の流行を伝える重要な歴史的資料としての価値を持つことを期待してあえてこのフレーズを残しておく．

さらにその後，月という漢字は三日月の形から作られたものであるという話を聞いた．そう思って眺めれば確かに，左の縦棒のはらいの部分の曲率が微妙に三日月の形状を髣髴させる．とすれば，月という漢字自体もっと全体的に傾いているべきではないかと思えてくる．賢明なる読者ならばもうお気づきであろう．ひょっとして，これこそ「望」に登場する右上部の月が傾いている理由なのではないだろうか[*6]．

　月の満ち欠けは，名前をどう呼ぶかという瑣末な問題を別とすれば，太陽・地球・月の相互関係を教えてくれる貴重な教材といえる．大人ですら必ずしも理解は容易ではないので，じっくり時間をかけて教えるべきである．一方で，夏の大三角（図2）は小学校の理科の天文分野でなぜか極めて重要な地位を占めているようだがその理由はまったく不明だ．というわけで夏の大三角の名前など覚えているはずのない（そもそも習った記憶すらない[*7]）私は娘の前で恥をかくことになる．そこであらかじめ，デネブ，ベガ（織姫），アルタイル（彦星）という夏の大三角の名前を暗記した上で，笑みを浮かべながら娘の前で問題集を開いた．しかし，そこで見た問題は

[*6] 本書「レレレのシュレーヂンガー」参照．ただしこれはあくまで素人の推測の域をでないので保証の限りではない．漢字の専門家の方がお読みならばぜひとも正解を教えて頂きたいと切に望む（『UP』誌掲載時にこう書いたところ，愛知県のYさんから墨で書かれた極めて達筆のお手紙とともに白川静『字統』（平凡社）の一部のコピーを送って頂いた．封筒の表には「月」資料在中という筆書きのただし書き付き，しかもしっかり傾いている．このようなセンスにあふれた読者がいてくれることを実感すると，まさに望外の喜びである）．

[*7] ふと思いついてWikipediaを調べてみたところ，夏の大三角が登場するのは1981年発行の教科書以降とのこと．記憶力の減退のせいだとばかり考えていたのだがそうではないらしい．現在は6社中5社の小学校理科の検定教科書で取り上げられているそうだ．何か右へならえ的な香りがして嫌だなあ．

> 夏の大三角の星，A，B，Cはそれぞれ何座にある何等星ですか，また腕をのばしたときそれらの間にはこぶしが何個分入りますか

であった．こ，こんなことを小学生に覚えさせて何がうれしいのか．娘にいいところを見せようと，こっそり努力した成果が何一つ生かされずに終わった私は怒り心頭に達し，血圧も急上昇だ．

図2 このなかのどれが夏の大三角がおわかりになるであろうか（アストロアーツ，川口雅也氏提供）

ニュートン算

上の娘が中学受験の頃の話である．塾の先生に「以前，あのK中学に合格した生徒ですら受験直前までわからなかったのが

ニュートン算だ」と言われたそうだ．ニュートン算？　聞いたことないなあ．私の知っているあのニュートン*8のこと？

図 3　ニュートンのデスマスク（英国エジンバラ王立天文台図書室クロフォードコレクション：2007 年 10 月 24 日に撮影）

問題集を見ると

> ある場所の草を刈るとき，6 人なら 6 日，8 人なら 4 日で終わります．では，5 人でやると何日かかるでしょう

という例がのっている．んんん，6 人で 6 日なのに，8 人なら 4 日……．おかしいぞ．で，答えを見ると，なんと草が伸びる量を考慮しなくてはいけないらしい．そんなのアリか？　そこまで言うなら，こちらだって考えがあるぞ．

　疑問 1：1 日とは何時から何時までのことなのか
　疑問 2：季節はいつか，夏と冬では話が全く違うはずだ
　疑問 3：雨の日と晴れの日の違いはどうしてくれる

---
*8　といっても別に親しいわけではないのだが．

疑問4：草を刈る人は全員が同じ量の仕事をするのか
疑問5：サボるやつは本当にいないのか

などなど，怒濤のように押し寄せてくる疑問はどうしてくれる．

ま，それはそれとして目をつぶって，己をむなしゅうしてこの問題を解いてみると，この場所で草が1日に伸びる量は2人が1日で刈る量に匹敵する！　どれだけ広い場所じゃい．それならあらかじめ，最後に草を刈ってから何日経過したのか明記しておかないと，答えが決まらないぞ．そもそも草を刈ってもあっという間に草ぼうぼうになって無駄じゃないか．もっと抜本的な対策を考えんかい！　と思わず大阪弁で怒りがこみ上げる．

これほどまでに非現実的な問題を前に，怒りもせず笑いもせず黙々と解こうとしている純真な小学生のことを考えると涙さえ浮かんでくる．この問題を解くことを通じて彼らは人生の何を学ぶのであろうか．無常観か？　中学に入ってから方程式を習えば簡単に解ける問題なのだから[*9]（状況設定の矛盾は別として），あえて小学生に解かせる必要はなかろう．ちゃんと解答できる小学生も実は方程式を使っているに違いない（と私は確信する）．こんな問題を大学入試に出したら間違いなくマスコミあたりに袋叩きにあうであろう．さらにもし私が採点者であれば，この問題設

[*9] 1日に1人が刈る草の量を x，この場所で1日あたり伸びる草の量を y，草刈り前に存在した草の総量を A とすると，

$$\begin{cases} 6 \times 6x = A + 6y, \\ 8 \times 4x = A + 4y \end{cases} \Rightarrow \quad y = 2x, A = 24x$$

したがって，5人で刈った場合に要する日数を d とすると

$$5 \times dx = A + dy \Rightarrow 5dx = 24x + 2dx \Rightarrow d = 8$$

となる．しかし，どうやればこの問題を方程式を使わずに解けるのだろう．

定自体の非常識さを批判し，解答を拒否するような健全な目を持っている受験生にのみ◯をつけ，無批判に計算し「正答」した答案には大きく×をつけるに違いない．

　明らかに話が脱線した．ここで気を取り直して最初の疑問に戻ることにしたい．ニュートンとこの問題はどんな関係にあるんじゃい！　ニュートン算と言うからには，数あるニュートンの偉大な業績と並べるだけの価値が認められるんだろうな．誰が呼び始めたんじゃい．本場イギリスなら誰でも知っているんだろうな．これらの疑問にじっくり答えてもらおうじゃないか[*10]．インターネットで検索してみたものの，全く答えがわからない．もしもご存知の方がいらっしゃったら，ぜひとも編集部までご一報ください[*11]．

　ちなみに，ニュートン算に限らず中学入試の算数では，方程式を用いれば単純に解ける問題にもかかわらず，それは表向きご法度とされているらしい．思考力を鍛えるという観点からは，その方針にもある程度の意義が認められよう．しかし，それは初め

[*10] 一体誰に向かって話しているのか自己を見失っているかもしれない．

[*11] と書いたところ，T 嬢が専門家に問い合わせてくれた．それによると，ニュートンが 1673-1683 年に講義した代数学の講義録『普遍算術』(*Arithmetica universalis*, 1707 年) の問題 XI で，牛が牧草を食べる問題が扱われており，牧草も一様に増えると考えて問題設定しているからこれがいわゆるニュートン算に相当するのではないか，と言うことであった．ただしその名前がどこまで普遍的なものかまではご存知ないようだ．そこで，イギリス人の知り合いにメイルしてみた．彼らはケンブリッジ大学出身で現在エジンバラ大学教授であるから，この質問にはまさにぴったりである．結果としては 2 名ともニュートン算という呼び名は聞いたことがないとのこと（むろん，だからといってこの名前がイギリスで使われていないという結論を出すわけにはいかない．東大数学科教授でニュートン算という名前をご存知の方がいたとしても，かつて小学生向けの進学塾でバイトをされていただけのことであろう）．ただ，この問題は複利でのローン返済日数を求める問題と同じであるから，かつて王立造幣局長官を務めたニュートンにとって避けては通れない問題だったのではないか，というコメントをもらった．しかし結局，謎が深まっただけに終わった感がある．

て与えられる問題に対して，丁寧に導入を行った上で時間をかけて考えさせる場合の話である．過去の入試問題を分析して分類し，時計算，流水算，差集め算，過不足算，旅人算，通過算，年齢算，消去算，方陣算，植木算，集合算，と並べ立てそれらについて個別の解法を叩き込むのでは，全く意義が見出せない[*12]．方程式を学ぶ前にいろいろと考えさせるのは良いとしても，ここまでくると方程式を教えてあげたほうがずっと良いと思えてくる．実際，別解法としてしっかり方程式を教えている塾も多いようだ．

　高校物理において微積分を用いるべきかどうかについても，同様な議論がある．ニュートンの法則，電磁誘導，コンデンサー，など，本来は微積分を用いればすっきりするところを，意図的に用いないで議論しているため，必要以上にわかりにくくなっている部分が多い．ただ微積分を前提としてしまうと，履修者をはじめから限定してしまう可能性もあり，なかなか難しい問題ではある．少なくとも物理 II を選択している高校生は，数学ですでに微積分を学んでいるはずなので，問題はないように思える．実際，予備校では微積分を用いて高校物理を教えているところもあり，よくできる部類の受験生には好評らしい．

　このあたりは，数学教育関係者の間ではすでに功罪がいろいろと議論され尽くされていることだろう．まあそれはそれとして，中学入試の算数の問題は考えていて楽しいものも少なくない．娘に聞かれてすぐにはわからず，別室で 1 時間ほどいろいろと考えたあげく，答えがわかりすっきりしたことも多い．ただし，実

[*12] これらの名称は中学入試用問題集の目次をただひろっただけであり，私には何のことか見当もつかない．

際の入試では50分で6問ほど解く必要があるらしく，私のようなペースでは不合格は確実である[*13]．さらに厄介なことに私の年齢になると雑念が多くなり，問題を解くことに集中できない．たとえば，某中学入試で実際に出題された次の問題を読んで頂きたい．

> 春子と夏子はAを同時に出発し，Dに行きました．春子はAからCまで太郎の運転する車に乗り，CからDまで歩きました．夏子は，はじめは歩き，Bで，Cから折り返してきた太郎の車に出会いました．夏子は太郎の車に乗ってBからDに向かい，春子より16分早くDに着きました．AからBまでは3km，2人の歩く早さは分速70m，車の速さは時速37.8kmです．車の乗り降りの時間は考えません．AとC，CとDの距離をもとめて下さい．
>
> A———B————————C————————D

いかがであろう？ 問題に取りかかる前に次から次へと湧き上がる疑念の渦にあなたは耐えられるだろうか？

疑念1：春子，夏子，太郎はどういう関係なのだろう？
　　　　春夏というからには姉妹なのかもしれない．で

[*13] その後娘に向かって嬉々として答えを教えようとすると「そんなに難しい問題なら，別にわからなくてもいいから」とキッパリ断られてしまう．一方，どんなに考えても解けなかった問題の場合には「これは問題がどこか間違っている」とか「このような問題を出す学校は見識がない」とか娘に切々と弁明をする羽目に陥る．それらの積み重ねとして，父親に対する娘の信頼感は減少（フランス語では décroissant）の一途である．本稿に従えば，下弦の月から逆三日月へと表現するほうがより適切かもしれない．父親であることの虚しさに気づく瞬間だ．

は秋子と冬子はいるのか？「いまどき太郎？」という昨今のツッコミはさておき，太郎ではつり合いが取れないので，彼は春子と夏子と兄弟関係にはなかろう（親子という可能性は残されている）．それとも個人情報を尊重して，全員単なる仮名なのか？*14

疑念2：家族でないとすれば，C点で春子と太郎の間に一体何が起こったのか？

疑念3：また途中で出会ったからといって，いままでのわだかまりを忘れて，乗り降りの時間が無視できるほど即座に車に乗り込んでしまう夏子とは一体どのような人物か？ 乗り込むまでには2人の間で十分な時間をかけた会話が必要ではなかったのか．

疑念4：そもそも，最初から3人で車に乗らなかったのはなぜ？ 太郎の車は2人しか乗れない高級スポーツカー，あるいは軽トラックだったのか？

疑念5：実際に解いてみるとAD間の距離は19.26 km*15，徒歩なら5時間はかかる．夏子が当初歩くことを選択したことが解せない．そのまま出発点で車が帰って来るのを待つか，あるいは今回はD点に行くこと自体を拒否すべきだ．

疑念6：そのくせ，C点では折り返してきた車に乗り込

---

*14 この場合，出題した先生の個人的経験がもとになっている可能性がある．その先生は「太郎」なのか，それとも「春子」？「夏子」？

*15 しかし，なかなか正解であることに自信が持ちづらい微妙な数字ですなあ……．

み，途中から歩くことにした春子の横を，速度
を落とすことなく追い越し 16 分も早く D 点に
着いてしまっている．その間，D 点で夏子と太
郎の 2 人は何をしていたのか．なぜ太郎は再び
春子を車で迎えに行こうとしなかったのか？

明らかに謎だらけである[*16]．算数の問題というよりも，複雑
な人間模様を予想させる深い文学作品と言うべきではないだろう
か．私の場合，まず初めにこれらの疑問にすっきりと満足できる
説明を受けない限り，計算など全く手につかない．優秀な小学生
であれば，そのような懊悩には惑わされずただ淡々と問題を解答
することであろう．入試会場で手を挙げて上述の疑問を試験官に

[*16] 『UP』誌掲載時に，これでは難しくて解けないという非難が殺到した（Y さん 1 名だけではあるが）ので，あえてここに解答例を示しておこう．

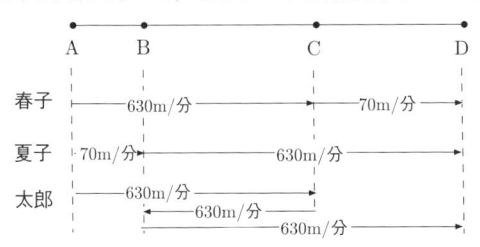

```
        A       B           C           D
春子 ├──630m/分──┼──────────┼──70m/分──┤
夏子 ├70m/分┼──────630m/分──────────┤
太郎 ├────630m/分─────┤
        ├───630m/分───┤
                ├────────630m/分────────┤
```

BC 間の距離と CD 間の距離をそれぞれ x[m]，y[m] とする．時速 37.8 km は分速 630 m なので，春子，夏子，太郎の行程は上図の通り．まず春子と夏子の到着時間が 16 分違うことから

$$\frac{3000+x}{630} + \frac{y}{70} = \frac{3000}{70} + \frac{x+y}{630} + 16$$
$$\Rightarrow \frac{y-3000}{70} - \frac{y-3000}{630} = 16$$
$$\Rightarrow y = 4260 \,[\text{m}].$$

また，夏子と太郎が B 点で出会うまでの時間より

$$\frac{3000}{70} = \frac{3000+2x}{630} \quad \Rightarrow \quad x = 12000\,[\text{m}].$$

したがって，AC = 3 km + 12 km = 15 km，CD = 4.26 km である．

ぶつけたところで，冷静に「自分で考えてください」と突き放されるのがオチだ．というわけで，入試会場内の全員が無言でシャカシャカとこの問題に取り組んでいるさまを想像すると，他人のことはどうでもよい，という人間関係が希薄になるばかりの日本の将来を憂えてしまうのである．

最後に，算数で単位の換算問題として，ヘクタールとアールが必ず登場する点にも苦言を呈しておこう．時間・分・秒や km・m・cm の換算は確かに大切だ．l・dl・ml もまあ許そう．しかし本当に ha が必要なのか？ それが何平方メートルなのか即座に答えられる日本人は大農場の経営者ぐらいではないだろうか．むしろ ha や a はなるべく使わず平方メートルに統一することを推奨すべきではないか．そもそも ha や a という記号を見て，「ハ」とか「ア」とか読むことなくヘクタールとアールのことだとすぐに頭に浮かぶ人がいたらお目にかかりたい[*17]．それよりは，坪・畳・平方メートルの換算を教えるほうがよほど実用的だ．

> 建ぺい率60パーセントの土地30坪に家を建てるとすれば，1階の床面積は何平方メートルまで可能でしょうか

は極めて多くの含蓄を持つ良問なので，日本国民たるもの小学生のうちに必ずマスターしておきたい[*18]．算数の指導要領作成者の方がお読みであれば，ぜひとも真剣に検討して頂きたい．

今回は，少しは私に関係すると思しき，天文と算数に絞って考

[*17] いつものことであるが，単なる修辞的文章である．本当に訪ねてきてもらうことを期待しているわけではない．むしろそのような人には会いたいとは思わないという意味である，念のため．
[*18] 土地面積が200坪とかではなく30坪であるあたり，それなりの現実性を帯びている点にも気をつけてほしい．

察したが，中学入試の社会と理科に関してはそれ以上に細かい知識の記憶が問われているようである．植物・動物関係では，私など聞いたこともない名前のものがいきなり登場してそれに関する質問が続く．物理・化学関係ならばほとんど暗記しておくべきことはないので私でも何とか答えられるが，実は中学や高校で習うはずの事項の理解が問われていることが多く，首をかしげざるを得ない．

小学生の頃にはまだ本当に頭で理解できることは限られている．したがって安易に選別だけを目的とするならば，いきおい理解よりも記憶を問う内容の入試問題に偏りがちである．しかも小学生ならば，やる気になればかなりのことを暗記できてしまうから，かえって始末に終えない．基本的問題だけでは「優秀な」小学生を選別することができないためなのであろう．とはいっても，入学試験問題は，本来は入学後に必要となる知識を問うことが前提であるから，受験生が何をあらかじめ学習しておくべきかを規定するため甚大な影響力を持つ．安易に見過ごしてよい話ではない．大人であれば，こんなこと聞いて何になるのかと首をかしげるだけですむが，その背後で無意味とも思える事項を暗記する羽目となっている多くの小学生の姿が目に浮かぶとやりきれない．

本書を読んでいる小学生がいるとは思えないが，念のためにいちおう言っておこう．小学生諸君，ニュートン算なんか解けなくても，誰にも後ろ指を指されることなく真っ当な人生を歩めることは確実だ[*19]．負けるな，日本の小学生！

[*19] 意味があるかどうかは別として私が保証する！

目に見えないからこそ大切

T山大学のK先生に銀座に飲みに連れて行って頂いた．その翌日，教養の高い友人の一人であるSさんに「昨日，生まれて初めて女性の胸の山が見える銀座のお店に行った」と鼻高々で報告したところ，「それを言うなら山じゃなくて谷間でしょ．山まで見えちゃマズイッショ」と即座に訂正されてしまった．その通りである．谷間だからこそ美しいのであり，山，ましてや山頂までもがくっきりと見えてしまうようでは興ざめである[*1]．

　我ながらいとおしくなるようなこの言い間違いを通じて思い出したのは，"L'essentiel est invisible pour les yeux"（大切なものは目に見えない）．ご存知のように，星の王子様にキツネが別れ際述べたセリフである．単純な警句のようでいて，なかなか奥深い．恥ずかしながら，この経験を通じてその本当の意味が初めて心の底から理解できた気がした．この警句の対偶は，目に見えるものは大切でない，ということになるが，これは必ずしも正しいかどうかわからない．しかしながら，いつでもどこでもすぐに見えてしまうようなものには，一般ニ相対的にはあまりありがたみを感じられないことは実感できる．その意味では，目に見えないからこそ大切，と微妙にニュアンスを変化させた言い回しのほうが説得力を持つ．

　これに関連させて付け加えれば「見えそうで見えないからこそ興奮する」というのはかなり普遍的な真理である．胸の谷間しかり，チャイナドレスのスリットしかり……．しかし，この方面の話題に進み始めると二度とこちら側に戻って来られないほど盛り

[*1]　むろん，時と場合によっては必ずしもそうとも限らない．ただしいちおう付け加えておくと，その際のB学会関係ご一行様総勢5名には女性のIさんも混じっていたほどであるから，けっして不健全なお店ではない．念のため．

上がってしまいそうな予感がするのであえて避け，以下では本書に相応しい気品と格調を保った考察に限定してみたい．

　誰しも自分の子供は可愛く見える．これはダーウィンの進化論のいうところの自然淘汰の結果として解釈できる．つまり自分の子供が他の子供よりも可愛く見えないような優れた客観性を備えた生物種の場合，子育てに情熱を注ぐことができず結局絶滅への道を歩むからであろう．生物種としての繁栄の代償として，子供に対する客観性を喪失したわけである．事実その弊害として，はっきり言ってとりたてて可愛いとも思えないような子供の写真を「ほら，可愛いだろう」とばかり，次から次へと押しつけがましく見せる親がけっして少なくない[*2]．内心では「おいおい，どこが可愛いの？」とあきれつつも，「へえー，信じられないほどチョー可愛いですね」と，人間社会において必要不可欠な潤滑油的発言を口にしたことのない人はいないはずだ[*3]．また念のため，一刻も早く客観的な真実に対峙できる真人間に戻ることを期待し自覚を促す意味で「お父（母）さんにソックリですよね……」という発言でとどめをさしたつもりでも，意図とは異なり当人をますます喜ばせてしまう結果に終わってしまいがちであ

[*2] 実は私自身その代表例だったりする．お読みになった方が自分のことかと誤解して気を悪くされませんよう．

[*3] そのようなお追従の言えない正直者はすでにほとんどの友人を失ってしまっていることも進化論の自然淘汰および適者生存の言わんとするところである．ちなみに「信じられないほど可愛い」は，「可愛いとは信じられない」という意味でないかどうかもじっくり検討しておく価値があろう．英語でもフランス語でも visible（目に見える）の逆は invisible（目に見えない）である．しかるに，valuable（価値がある）に否定の接頭辞をつけた invaluable は価値がないという意味になると思いきや，価値をつけることができないほど価値が高い，という予想外の展開となる．我ながら何を言いたいのかわからなくなってきたが，表面的な言葉に惑わされることなく目に見えない真実の大切な意味を探る努力を怠るな，という教訓を伝えたかったのかもしれない．

る*4.

　ただもう少しまじめに考察するならば，親の場合，ある瞬間の子供の写真／姿の中にそれに至る過去のすべての記憶が投影して見えるからこそ，他の子供とは質的に違う愛情を感じ得るのであろう．誕生前の不安な気持ち，出産後の喜び，育児中の苦労や悩み，その後の成長の各段階での親としての感情などすべてが，子供の現在の姿の中に刻印されている．したがって，子供が10歳であろうと20歳であろうと，さらにはたとえ50歳になろうと，親にとって可愛く思えるのは当然である．もちろん，これは親から子への場合に限るものではない．逆に子供が親に対して抱く気持ち，孫と祖父母の間，さらには，友人や夫婦間でも，程度の差こそあれ基本的には同じである．夫は妻の（あるいは，息子は母親の）顔に刻まれたしわの一本一本の中に，互いに共有した人生の過去を見出すことができるはずだ．

　私は男性の立場でしか考えられないから，息子から母親へ，夫から妻へ，という一方向の例しか思い浮かばないのだが，これとは逆に，世の中の奥様方は薄くなった夫の頭頂部を見てどのような感慨にひたるものなのだろう．見えそうで見えない頭部の地肌であろうと，完全に目に見える光り輝く頭頂部であろうと，長年

---

*4　私はこれでも科学者の端くれであるから，そのようなおバカな親どもとは異なり，客観的な事実を真摯に見つめられるだけの審美眼と勇気を兼ね備えている．2人目の娘が生まれたころ，この子はむしろET系容姿ではないかと心配し，一体なぜだろうかと悩んでいた時期があった．思い余って家内にその悩みを吐露したところ「須藤さんとこの2人目の赤ちゃんはどこからどこまでパパに瓜二つね」と近所の奥様方の間で評判になっているとのことであった．なるほどただそれだけのことだったのか……今後「お父さんにそっくりですね」という言葉を耳にしたならば，その発言者が背後にそのような重い意味を潜ませている可能性にまで思いを馳せて頂きたい．ただしその結果，いままで友達と信じきっていた人々の新たな側面に気づき不信感が芽生えてしまうことのないよう，くれぐれもお祈りする．

の愛情の痕跡を投影して感慨にふけりつつ思わず頬ずりしてしまう奥様など皆無なのではなかろうか？[*5] 仮にいたとすればまさに他人にはけっして見えないからこそ大切，という端的な例であろう[*6]．

ところで，「現在見えるものの中に過去の姿が投影される」という事実は，まさに天文学の観測そのものである．天文学とはできる限り遠くを見ようとする営みであると言い切ることもできる．しかし，近くのものを通り過ぎることなく遠くだけを観測することは不可能だ．遠方の天体から届く微かな光を観測する際には，そこから我々の位置に至るまでの経路に沿って分布する天体からの光をもまとめて同時に見ることになる．さらに光が伝わる速度は有限であるから，我々から宇宙の各点までの距離をその速度で伝わるために必要な時間だけ過去の光が届いていることになる．

たとえば毎日見る太陽は厳密に言えば，地上の時刻から500秒だけ過去の姿だし，月であっても実は1秒前の姿である[*7]．宇宙は137億年前に誕生したと推定されているが，現在直接観測されている最遠＝最古の天体はいまから130億年前のものである．その画像はその天体だけを写しているわけではなく，現在

[*5] 私の偏見だとすればご容赦頂きたいので，そのような趣味の奥様がいらしたらぜひともご一報ください．
[*6] しわとりエステに通うことを検討されている女性の皆様は，(a) ほとんど効果がなく無駄にお金を費やしてしまう，あるいは全く逆に，(b) 効果てきめんでしわはなくなったもののそれとひきかえに自分の大切な人生の刻印を失ってしまう，のごとく，いずれの場合も重大な危険性をはらんでいることを十分認識し，さらに家計の状況も勘案しながら，ご家族と慎重に協議した上で最終的に決断されることを切に望む（ちなみに，この注はけっして私の家内に宛てた個人的な文章ではないことは，いくら強調しても強調しすぎることはない）．
[*7] 光は1秒間に30万km進むので，太陽と地球の距離である1.5億km，月と地球との距離である38万kmを時間差に直すとそれぞれ500秒，1秒となるわけだ．

からその天体までの130億年にわたる宇宙史の投影図というほうが正確だ.「遠くは過去」とは,まさに天文学を通じて実感できる,含蓄に富んだもっとも美しい真理の一つだと思う.

さてここまでくると,私の研究対象であるダークエネルギーと太陽系外惑星にふれずにすますわけにはいくまい.本書で折にふれて紹介してきたダークエネルギーとは,宇宙のあらゆる場所を完全に一様に満たしていると考えられている正体不明の存在である.にもかかわらず,宇宙の全エネルギー密度の約75パーセントを占める主成分であると推定されている[*8].まさに「大切なものは目に見えない」を地でいくような存在である.

太陽系外惑星もまた同様だ.夜空を覆いつくす満天の星々.そのどこかに,もう一つの地球,すなわち,「我々の地球と同じく生命を宿すような惑星」がひっそりと隠れているのだろうか.この極めて基礎的かつ第一級の科学的疑問に対する答えはいまだ知られていない.「我々の地球と同じく生命を宿すような」という修飾句を取り除き,(我々の太陽系以外の恒星の周りの)木星型ガス惑星の存在が観測的に確かめられたのですら1995年のことなのである.以来,太陽系外惑星の研究は飛躍的な発展を遂げている.2009年3月7日には地球型岩石惑星の探査を目指したアメリカのケプラー衛星が打ち上げられた.地球型系外惑星の発見はもはや時間の問題といってよい.すでにその発見を前提として,そこに生命存在の兆候を探るためのアイディアが世界中で検

[*8] 担当のT嬢の顔が浮かんできたので,本意ではないが若干の宣伝をさせて頂こう.ダークエネルギーについてのくわしい説明は,拙著『ものの大きさ』(東京大学出版会,2006年)を参照して頂ければ幸いである.この本までをも「売れないからこそ大切」といった自虐的な状況に追い込むことはけっして許されるものではない.読者諸賢の見識が問われているといっても過言ではない.

図1 2009年3月7日に打ち上げられた太陽系外惑星探査ミッション「ケプラー」(http://kepler.nasa.gov/)

討されつつある．

　現在知られているもっとも近い太陽系外惑星は我々から約10光年の距離にある．往復するには，光でも20年，飛行機で2千万年，自転車なら13億年．徒歩で行こうものなら50億年かかり，念のために休憩・睡眠時間まで含めると何と現在の宇宙年齢137億年と同じ程度の時間が必要となる[*9]．つまり直接現地に赴いて確認することは不可能である．言い換えれば，太陽系外生命の兆候を探るためには天文観測以外の術はない．しかもいまはまさに谷間かスリットに対応する「見えそうで見えない」時期に来ている．けっして私だけに限らず，多くの天文学者が興奮するの

[*9] 単に遠いということを言いたいがためにここまで具体的に計算する必要はないような気もするが．

も理解して頂けよう*10.

　ダークエネルギーと太陽系外惑星の観測で大きな成果をあげているものといえば，我が国のすばる望遠鏡である．この望遠鏡はハワイ島マウナケア山のまさに山頂にある．人はなぜ山に登るのか．もちろん山頂があるからだ．しかし時間をかけて到達してこその山頂だ．麓から一気にロープウェーで駆け登って征服しても得られる感動は少ない．入念に登山計画を練り，一歩一歩それに近づくからこそ最後の瞬間の喜びが得られる．

　すばる望遠鏡を用いた観測も然り．高山病を防ぐため，標高4200 m の山頂に一気に行くことは禁止されている．途中の標高2800 m あたりにハレポハク*11と呼ばれる中間宿泊施設があり，昼間の見学者はそこに1時間ほど滞在しないと山頂へ行くことは許されない．研究者であろうと山頂に連続して14時間以上とどまることは禁止されているので，観測期間中はハレポハクから通う生活となる．観測日の前日にハレポハクに宿泊し，当日の夕方暗くなる前に山頂へ出発する．夜になると望遠鏡本体がドームの中から姿を現し，観測者は一晩中天空に展開される宇宙の神秘を堪能する．夜が白み始める前にすべてを終了し，再びハレポハクへ帰り眠りにつく．この生活が数日繰り返された後，やがて本

---

*10　ところで，地球外生命のもっとも直接的な証拠は彼らが地球を訪問することである．仮にそのようなことが実際に起こったならば，もはや天文学だとか悠長なことを言っている場合ではない．全世界規模での最高の機密事項となるはずだ．いちおうそのような可能性までをも慎重に検討している私は，地球外生命に言及した講演を次のような言葉で締めくくることが多い．「もしも，私がある日突然失踪してしまうようなことがあったとしても，みなさんはけっして不審がる必要はありません．『須藤先生，ついに見つけたんですね！』とこっそりお祝いしてください」……．しかし危険なトークではある．

*11　ハワイ語で「石の家」という意味で，マウナケア山にある数多くの望遠鏡群を用いた観測者のために共同で運営されている施設．

図 2 すばる望遠鏡．マウナケア山頂のすばる望遠鏡（上），ハレポハク中間宿泊所（中），ヒロにあるすばる天文台オフィス（下）．国立天文台すばる観測所田中壱氏撮影．

当の下界へと戻っていく．こう考えてみると天文学者の生活は何か比喩的ですらある．

　実は私が目に見えないものの重要性を思い知ったのは，2007年2月9日に受けた左目の白内障手術がきっかけだった．目「が」見えないことではなく，ものを見るためには水晶体が目「に」見えないことが必要という当然の事実に初めて思い当たっ

たのである.見えないことと存在しないことは同義ではない,という教訓もここから得たし,それがダークエネルギー研究の根底に流れる思想であることにも気がついた.サンテグジュペリの言を待つまでもなく,大切なものは目に見えないかのごとく形容されることは多い.澄んだ空気,透き通った水,一点の曇りもない心[*12].その意味では,見えない宇宙のダークエネルギーは大切なものとしての条件を十分満足しているのだ.

というわけで今回の結論.目には見えない大切なものこそ,我々一人一人がその一生をかけるに値する人生の目標である.人生,山あり,谷あり.めざせ,山頂!

[*12] 私は最近まで,老子の「上善如水」も同じような意味だと勝手に思いこんでいた.つまり,本当の善行とはけっして押しつけではなく,それを受けた側が全く負担に思わないような振舞のことである,と.確かにたいしたことでなくとも,これみよがしに自分の貢献を強調するような輩は世の中に多い.上善,空気,水,ダークエネルギーはいずれも身の回りに満ちあふれているにもかかわらず全く気がつかないものなのだ,と感銘を受けていた.しかし,インターネットで調べてみたところ全くの誤解のようだ.上善とは理想的な人生のことで,水が持つ,自由に形を変える柔軟性と適応力,自分を誇示せずつねに低いほうに流れていく,にもかかわらず時には急流となって強い力を発揮する,という性質を目指せ,ということらしい.日本酒「上善如水」を飲んで酔っ払っては私の誤った解釈を聞かされたかわいそうな延べ10名程度の外国人のみなさん,申し訳ありません.この機会に訂正させて頂きます.

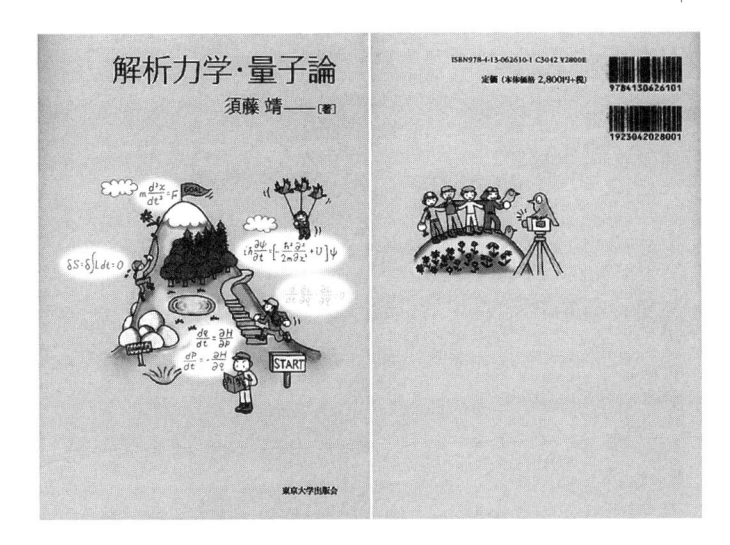

図3　この教科書で「めざせ，山頂！」

オフリミット

このところ，日本のすばる望遠鏡を中心とする国際共同研究に関する会議に振り回されている．これは少なくとも100人程度の共同研究者が絡む計画なので，天文学の平均から考えると「都会のネズミ」的プロジェクトに分類できる．さらに各国共同研究者の権利と義務が絡むデリケートな議論をしていると否が応でも互いの文化の違いを意識せざるを得ない．

私がこのような明白な文化の違いに目覚めたのは，1986年から2年間過ごしたカリフォルニア大学バークレー校での博士研究員時代である．それまではせいぜい高知県と東京の文化の違い程度しか認識していなかった私にとって，まさにカルチャーショックそのものであった．というわけで20年以上前の記憶を思い起こすことから始めてみよう．

つまらないようではあるが当初からとても気になったのは朝の挨拶である．「ハイ」とか「グッモーニン」であればよい[*1]．「ハワユー？」などと勝手に質問してくるのである．そのくせあちらはこちらの答えを固唾を呑んでじっと待ちかまえている．

さて，日本で「お元気ですか？」と聞かれた場合，読者の方々はどのように答えるであろう．「はい，おかげさまで」「ありがとうございます」「いつもと同じです」「ボチボチでんな」「さっぱりでんがな」あたりが，典型的な返答であろう．しかもこの回答順にほぼ教養が高くなってくることが実感できる．日本語の

[*1] 今回は英語が出てくる頻度が高いので，読みやすさを考えて以下ではすべてカタカナで表記する．彼らがカタカナでしゃべりかけてきたわけではないことを注意しておこう．むしろ，文章で表現するならば，筆記体，しかも花文字の筆記体にふさわしい発音でしゃべりかけられる．ところで，読者に対する読みやすさを本当に気にするのであれば，注をなくせという声が聞こえてくる．しかしたぶん幻聴であろうから聞く耳は持たないことにする（そもそも人類の歴史において耳を手に持った人などいないだろうし）．

会話において,「はい,元気そのものです」「もちろん元気一杯です.今日も必ずや,すばらしい1日となることを確信しています」などと答えようものなら,全人格を否定されかねまい.

　ではアメリカではどうか? おそらくご承知のように,「ファイン」「ワンダフル」あるいは「グレイト」と答えることがお約束である.なかには「テリフィック」などと言ってくる能天気な奴もいる.とくに「グレイト」と答える場合には,レのあたりで音を高くして時には声を裏返しにして発音することが多い.それにしても,朝っぱらから「今日はグレイト!」などと他人にふれまわって歩かなければいけない生活は気が滅入るだけだ.私などグレイトという言葉で思いつくのはグレート義太夫くらいのもので[*2],その顔を連想するとこれからグレイトな1日が始まるなどとはとうてい思えない.といってもこれらは日本ではやや斜に構える態度が好まれるというだけの話であろう.ある意味では格好つけているだけだ.すべてを単純に誉めそやしたりするのはあまり頭がよさそうには思えないという感覚が蔓延しているからかもしれない[*3].その意味ではアメリカ人のほうがずっと素直

[*2] プリンストン大学の近くの中華料理屋でなぜか5人の日本人で食事をしていたときのこと.そのうちのある学生の顔が誰かに似ているという話になったので,私が「グレート義太夫だ」と言ったところ,3名の大学院生全員が「知らない」とのこと.知っていたのは30代の先生1名のみで,世代差を痛感させられた.本書の読者の年齢層を考えると問題ないとは思うが…….

[*3] イギリス人と国際会議の準備をしていたときのこと.私がある提案をしたとき,彼は "This doesn't sound unreasonable" と答えてきた.反対はしないという意味なのか,それともとても良いという意味なのかわからなかった私は,「これは英語では,This sounds reasonable と同義なのか?」と尋ねてしまった.答えは「とてもすばらしい」,つまり米語ではまさに「ザッツグレイト」という意味らしい.彼によれば「確かに言われてみれば,イギリス人は何であれ直接的に言うことを避け言外に匂わせることを好む.間接的であればあるほど良いとされる.くだらない習慣だとは思うが……」とのことだった.しかしこれは日本人についても当てはまらないわけではないと思われる場合が少ないとばかりは言えないような気がしないでもない.

で好感が持てるというべきだろう.かつて私は面倒になって「ノットソーグッド」と答えてしまったところ,「一体どうしたのだ」とかえっていろいろと心配され立て続けに問いかけられてしまい閉口した.人生はけっしていつも山ばかりではない.そんなときこそそっとしておいてほしいものだ.

また,アメリカのレストランで食事をしている際,頼んでもいないのにウェイターからいきなり「ハウズエブリシング?」「エブリシングイズオーケー?」などと尋ねられて面食らった経験はないだろうか? 私は初めてこの質問を受けたときには本当に困り果てた.ついには「あなたはこの文脈においてエブリシングという単語を一体全体どういう意味で用いているのか?」とまじめに聞き返してしまったのである.私はあなたとここで生まれて初めて出会ったはずなのに,私の人生のどこからどこまでを知りたいと言うの? 何を聞きたいのか知らないけど,話し始めたら1日では終わらないわよ? 本当にそれでも最後まですべてを聞く覚悟はできてるの?*4

自慢ではないが*5,こう見えても高校時代,私の受験英語のレベルは相当高かった.しかしこのような用法は習った覚えがない.上述の質問を正しく日本語に訳すと以下の通りである.「私はここで給仕として働いており,客の飲食代の15パーセントに対応するチップが収入のほとんどを占める.さっきから見ているとまだ飲み食いするだけの余裕があるように思えるが,もっと追加注文する気はないのか.もしもないならさっさと支払いをすませて帰ってほしい」.エブリシングという単語はここまで深い意

---

*4 なぜ突然私の感情が女性言葉で表現されてしまうのか不明であるがご容赦を.
*5 この前置きの後に自慢話が続かなかったためしはない.

味を持つのだ．受験英語程度のレベルではとうてい太刀打ちできまい．

さらに受験英語といえば，私が日本の英語教育に対して一番腹立たしく思っているのは，サンドイッチの買い方を教えていないことである．これを習わずしてアメリカに行くと飢え死にしてしまう危険性が高いので，念のため飢饉にも対応した生命保険に入っておくことをお勧めする．実際に，アメリカでサンドイッチを購入する手続きは以下の通りである．

まず長い列に並んでやっと順番が来る．「サンドイッチください」と言おうとすると，突然「ワット ブレッド ドゥユーライク？」と聞かれる．サンドイッチだからパンに決まっとるやないか，いまさら何聞いとんねん，と思う．しかしアメリカでは，ホワイト，ウィート，ライ，などサンドイッチのパンの種類を選ぶ必要があるのだ．そんなの知らんぞ．何とかここをクリアすると，中身を聞かれる．ハーム，ツナ，ターキー，パストラーミ，イターリアンサラミ，などから選ぶことになるが，こちらの発音が悪いためなかなか通じない．4, 5回ツナ，ツナ，ツナ，……と唱えた挙句，「オー，トゥーナ！」とか言われてことなきを得る．しかし安心したのもつかの間，「レタス，オニオン，トメイトー，ピクルス，……」と野菜の名前を連呼される．オニオンはだめなので入れないで，トマトはたっぷり，でもレタスは少なめで，とか，自己主張がはっきりしているアメリカ国民は思う存分細かい注文をつけるのだ．しかしここでノーと言えない日本人は迷わず「エブリシングオンイット」と答えよう．この文脈であれば，お店の人から「ワッツエブリシング？」などと聞き返される心配はないので安心して良い．

さらにこの後も，マヨネーズを入れるか，マスタードはどうする，入れるならマイルドマスタードとスパイシーマスタードのどっちにする？ などと聞かれる．いい加減自暴自棄になり，「そんなに面倒なことを言われるのならもういらない」と思わず言ってしまいそうになるが，いままで積み重ねてきた膨大な努力を考えて何とか踏みとどまる．ついにレジで支払いとなるが，そこでも「ドゥユーライクチップス？」とわけのわからない質問がくる．この店でチップを払う必要はないはずだが？ それともいろいろ質問をしたお詫びに逆にチップがもらえるのだろうか？ などと長考していると[*6]，結局あきらめて無視されて「7ドル84セントプリーズ」でやっと解放される．外に出た際にはここまでの苦労を振り返った結果，喜びのあまり目にうっすらと涙がにじむこともしばしばだ．

自慢ではないが[*7]，もはや国際会議で発表する際でもほとんど緊張することがなくなった不感症の私ですら，アメリカでサンドイッチの列に並び自分の順番が迫ってくると胸がどきどきするのだ．今日こそ粗相のないようにするぞ．「ホワイトブレッド，トゥーナ，エブリシングオンイット，マヨネーズ，スパイシーマスタード」と何度も小声で繰り返しながら……．

ところで本書はもともと『UP』に掲載された原稿をもとにしているのだが，とくに2009年11月にプリンストン大学で多くの加筆・修正を行った．2009年から3年間，プリンストン大学国際交流プログラムのグローバルスカラーという職に選んで頂

[*6] アメリカではサンドイッチとポテトチップスを組み合わせて食べることが多いのである．慣れてくると実はこれがなかなかいける．
[*7] もちろん自慢以外の何ものでもない．

いたおかげで，1ヶ月間滞在して研究（と校正）に勤しんでいるわけだ．今回はまさに上記の処方箋に従って問題なくサンドイッチを購入することができた．同時期に，私の共同研究者であるプリンストン大学 T 教授によって招聘されている学生の F さんは，英語が堪能であるにもかかわらず，サンドイッチの買い方は知らなかったらしい．図 1 の左は私が購入したトゥーナサンドイッチ，右は彼女が必ずしも希望したものではないにもかかわらず気がついたら手にしていたターキーサンドイッチである．指導教員としてこの原稿をあらかじめ渡しておかなかったことの責任を痛感する．

図 1　プリンストン大学構内のカフェテリアで購入したサンドイッチ

　読者のみなさん，サンドイッチを買うときに無言ですますことのできるグレイトな国に生まれたことに感謝しようではないか．ところでこのくだりは，本書の中でもっとも（唯一かもしれない）実用的価値の高い情報の宝庫である．近々アメリカ旅行を予定されている方は，この部分を切り取って持っていかれることをおすすめする[*8]．ところでこの話をあるイギリス人にしたとこ

[*8] 知り合いの Y さんによれば，いまや日本でよく見かける「サブウェイ」でも同じことを聞かれるらしい．とすればここで渾身の力をふりしぼって書いた文章も，すで

ろ，彼も初めてアメリカでこの状況に陥ったとき，全く同じ印象を持ったとのこと．イギリスではサンドイッチは店先にあるものを選んでレジに持っていくだけらしい．近々イギリス旅行を予定されている方は，どうぞご安心を．

さて，文化の違いをとことん深く考察すると言っていたはずが，単に英会話に関する自分の恥しい体験自慢に突入している感がある．そこで気を取り直して冒頭に戻り，共同研究計画をめぐる議論から連想した異文化の象徴の例をお話ししてみたい．

アメリカでは扉や壁に「オフリミット」と書かれた看板を見かけることがある．でもこの英語には何か違和感を禁じ得ない．私は初めてこれを見たとき，この内部は自由に入っても良いことを親切に教えてくれているのだと勘違いしてしまった．もちろん正解は「立ち入り禁止」である．これはリミットという単語に対する日米の感じ方を示す端的な例であろう．

リミットという言葉を聞いたとき，日本人はやってはいけないことの境界であると解釈し，アメリカ人はそこまではやっても良いことの境界と解釈するのではあるまいか．だからこそ，日本人なら制限がなくなったように思いがちの「リミットの外」とは，アメリカ人（英語を母国語とする人々と言うべきか）にとって，

にほとんどの日本人にとって何ら目新しい情報ではないのかもしれない．だとすれば悲しい．あたかも浦島太郎になった気分である．1997年から3年間私の研究室に中国人博士研究生Jさんが滞在していた．彼は中国で修士号を取った後，3年間イタリアに滞在し博士号を取得，その後3年間ドイツで研究した後に日本に来た．当時，日本で缶入りウーロン茶がよく飲まれているのを見て驚き，中国では一部の地域以外ではウーロン茶は飲まないし缶飲料も存在しない，と断言していた．しかし1998年に彼とともに初めて上海の研究会に出席した私は，上海のいたるところに自動販売機があり，そこには「三得利缶入り烏龍茶」がしかも無糖と加糖の2種類しっかり売っていたのを目撃した．7年以上中国を離れて暮らしていた彼はまさに浦島太郎状態だったのだ．いまだかつて日本の「サブウェイ」でサンドイッチを食べたことのない私もけっして彼を笑うことができない．

この先はやってはいけない領域になるわけである．これは共同研究に関する義務と権利を規定する文書を作成する上で，看過できない重要な問題を提起する．ダメだと明記していないことはすべてやっても良いと考えるのか，逆にやっても良いと明記していること以外は原則的にダメと考えるのかによって，共同研究協定書の書き方は全く異なってくることは容易にご想像頂けよう．最近の私の頭痛の種はまさにここにある．

日本人は一般に何か約束したらそれは必ず余裕を持って守ろうとする．つまりリミットを設定しておいて，その手前の領域までを確実に早く完成させようとする[*9]．これはリミットを否定的な意味合いに解釈していることに起因するのかもしれない．結果的に，共同研究においても約束した義務は完全に果たすものの，引き換えに保証されているはずの権利を思う存分行使することはあまりない．奥ゆかしいという表現もできるが，それを美徳と感じるのは日本人的な価値観にすぎず，消極的だという評価に終わってしまうことが多い[*10]．一方，リミットまで保証された権利を完全に行使しようとする他国の共同研究者は，その前向きな積極性ゆえに当初予想されていた以上の成功を収めることがある．リミットを肯定的に解釈するか，あるいは否定的に解釈するかは，単に定義の問題だけにとどまらず，その後の生き方にまで

[*9] もちろん，日本人を高めているつもりはない．そうでない人も（私の身の回りに）たくさんいるのだが，あえてイニシャルを提示することは控えておく．

[*10] 私のところにいるフランス人研究員S君は，日本人が有給休暇を完全に使わない理由が全く理解できないようだ．これに関しては私も同意する．公式に保証されている有給休暇を使うことが後ろめたいと感じるような雰囲気があるとすると問題である．フランス人にもっと厳しく指摘してもらい現状が改善されることを切に望む．しかしながら，人員削減ばかり先行している大学においては，事務の方々が完全に有給休暇を使いきってしまうと大きな支障が起こりうる．そもそもそのような事態を想定していないような制度設計なのだ．

影響を与えてしまうようだ．このようなことをプリンストン大学の同僚に話していたら「それは面白そうだ．講演してみてはどうか」と言われて，今回の国際交流プログラムの義務である公開講演会をその内容で行うことにした（図2）[*11]．

ところで，リミットと聞いて私が思い浮かべるのは，最近楽しみながら悩んでいる，我々人類が自然界をどこまで理解できるのか，その限界＝リミットは何なのか，という問題だ．一般相対論の基礎方程式：

$$R_{\mu\nu} - \frac{1}{2}g_{\mu\nu}R + \Lambda g_{\mu\nu} = \frac{8\pi G}{c^4}T_{\mu\nu}$$

はアインシュタイン方程式と呼ばれている．あえて説明はしないが[*12]，左辺が時空間自身の持つ幾何学性質を特徴づける量，右辺がその時空間を占めている物質の性質と分布を表す量となっている．それらを等値することで，物質分布と時空間の性質が互いに相手の時間発展を規定するという原理を具体的な微分方程式によって表現したことになる．この類の式は慣れないと単に不愉快で気持ち悪く見えるかもしれないが，これを見て感銘を受ける変わった人種も少なからず存在することを覚えておくと，人生にとって有益な場合があるかもしれない．

それはそれとして，これはどう考えても驚異的な結果だ．その不思議さを箇条書きにしてまとめると以下のようになる．

(1) そもそもすべての自然現象の本質的な部分の背後には何らかの摂理が存在しているのか．

[*11] 実は日本学術振興会に頼まれて外国から来る博士研究員のオリエンテーションの際，このタイトルで数回講演したことがある．もちろん聴衆が全く異なるので内容は半分ほどしか重なっていないのだが……．

[*12] 拙著『一般相対論入門』（日本評論社，2005 年）を参照のこと．

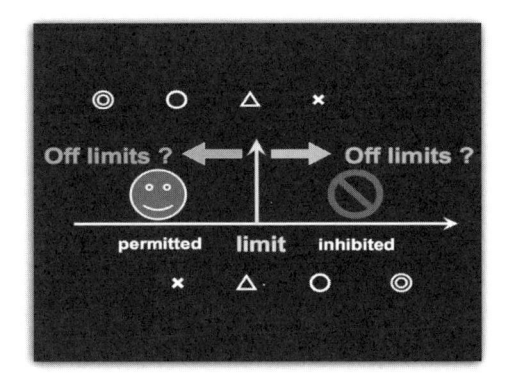

図2 2009年11月24日にプリンストン大学宇宙科学教室で行った公開講演会「文化は違えど科学は一つ」のポスター.本書の内容をふんだんに盛りこんだ講演であった.

(2) 仮にその摂理なるものが存在するとしても,それを我々人類が理解できるものなのか.言い換えると,それを具体的に記述できる言語がはたして存在するのか.

(3) その言語が既知あるいはその延長上にある数学に包含される必然性はあるのか.

(4) さらに具体的に微分方程式という単純な数学的形式で，その本質が書き下し尽くせるのは単なる偶然なのか．

相対論の場合すでにアインシュタイン方程式という答えが見つかっている以上，このような鬱陶しい問題提起にはあまり意味がないと思えるであろう．しかし，同じことが異なる状況においてどこまで期待できるかとなると全くわからない．たとえば，我々の意識を考えてみよう．少なくとも物理屋はほぼ全員が，意識も最終的には物理法則に従っている，と信じているはずだ．言い換えれば，意識についても上述の (1) は成り立っていると信じられている[*13]．しかしながら，いまだ知られていない意識の発展を記述する具体的な方程式が存在するか，となると，意見が分かれるところであろう．超複雑系であるから単純な方程式で書き下せると思うほうがおかしい，というのが一般的な見方かもしれないが，だとすればそれを適切に記述する言語がない，という結論と同じかもしれない．

またそもそも我々人類が理解できることに限界があることは当然である．たとえば，ネアンデルタール人はどう頑張っても一般相対論に到達できたとは思えない．同様に我々ホモサピエンスにも，理解可能な法則の限界があるに決まっている．宇宙創成，生命の誕生と進化，究極の素粒子統一理論，といった現代科学の最先端の謎がホモサピエンスにとって，ネアンデルタール人と一般相対論の関係のようなものだとするならば，いくら頑張ってもしょせん無理，ということになってしまう．悲しいことだが否定できるものではない．

[*13] 物理屋以外がどう考えているかは定かでない．このような信念自体，物理帝国主義の象徴であると嫌悪されているのかもしれない．

あるとき突然スーパーホモサピエンスという「超人類」が誕生し，我々が駆逐されることによって，ホモサピエンスにとって理解不能であった自然界の摂理が急速に解き明かされるようになるのかもしれない．しかしそのような時代を想像すると気が滅入る．スーパーホモサピエンスにとって，微積分などは加減乗除のようなものだろう．幼稚園に入る前にはすでにマスターしていなくてはなるまい．「うちの子はもう4歳になるというのに，まだガンマ関数の計算もできないんです．大丈夫でしょうか」と悩む親に，保育士さんが「気にしないでください．子供の成長には個人差があります．あと1年もすれば超幾何関数の計算だってできるようになっていると思いますよ．気長に見守ってあげてください」と答えたりするのだろう[*14]．さらには，「最近の私立中学入試では，カー時空の計量を求めさせたり，フェルマーの定理の証明をさせたりといった，本来は中学で学ぶはずの範囲外の内容が出題されている．その結果小学生からゆとりが奪われているのではないか」といった意見が新聞に投書されたりするはずだ．そこまで考えると，この時代に生まれた幸運がしみじみと身にしみて感じられる．

このように，現在の人類の知的限界に思いを馳せ，厭世的な気分になるのは典型的な日本人の考え方，すなわち「リミット＝否定的限界」思想なのだろう．アメリカ人であれば，ホモサピエンスが可能なリミットを最大限極め，知の地平線を拡大しよう

[*14] ロシアの天才物理学者ランダウは，微積分ができなかったころのことなど思い出せない，と言ったらしい．普通の人間の場合，もっとも若いころの記憶は4, 5歳くらいであろうから，彼はそのころすでに微積分ができていたことになる．ランダウであればもちろんそうだろうな，と納得できる．仮に私が同じことを言ったとしたら，A) 見栄をはっている，B) 物心がついたのが高校生のころ，C) すでにぼけてしまっており高校生のころまでの記憶をなくした，の3つの可能性のどれかでしかない．

という前向きな考え方をするに違いない．その違いがもたらす結果は明らかである．科学・文化の発展のためには，楽観的な人生観こそ本質である．日本人よ，世界中で将来が見えず希望の灯が失われつつあるこの時代だからこそ，良き友人であるアメリカ国民から多くのことを学ぼうではないか．「ハウズエブリシング？」と聞かれたらもちろん迷わずこう答えよう，「エブリシングイズグレイト！」

物理とカラオケ

長年にわたり我々の研究室事務を担当してくれたTさんが異動することになり盛大な送別会が開催された．Tさんは3人の息子さんと旦那様[*1]とをお持ちであるにもかかわらず[*2]，研究室の若い学生の間で絶大な人気を誇っている．私など，ハワイの国際会議[*3]のお昼休みにホテルのプールサイドに寝そべって日光浴をしていた我が研究室の（男子）学生を撮影し，その写真をメイルで献上したほどだ．そのときの私からのメイルの文面は「○×な写真を送ります」のみ[*4]．これに対する返信も「○×な写真ありがとうございました」で始まっていた．心地よくユーモアを理解して頂ける方だ．

　さてこのようなエピソードがここで明かされる必然性をいぶかしく思われる方もいるであろう．確かに，大学教員を取り巻く昨今の社会情勢に鑑みれば，ひとたび文脈を誤解すると自らの職

[*1] 3人のという形容詞は息子さんだけにかかる．旦那さんはお一人だけである（と思う）．そのような誤解を避けるためには最初から「旦那さんと3人の子供」と書いておけばよいではないか，と考える方がいらっしゃるかもしれない．「白雪姫と7人の小人」なのであり，「7人の小人と白雪姫」ではないのと同様である．しかしながら，この表現はこの注を書くためにあえて意図的に散りばめられた文学的超絶技巧であることに注意して頂ければ幸いである．ところで，この技法は名詞に性別・単数複数が存在しない日本語だからこそ可能であることも強調しておこう．たとえば英語の場合，「現在お付き合いしている人はいますか」（あまりにも高度な表現なので私の英語力では適切に翻訳できない．ここだけ日本語のままご容赦頂きたい）という問いに対して，私が"Yes, I have a girl friend"と答えるとすべての情報が明確になってしまう．それどころか"Yes, I have boy friends"などと答えようものなら否応なしにその道の性癖まで明らかになってしまう．日本語の奥ゆかしさを思い知る今日このごろである．
[*2] この「かかわらず」にはけっして深い意味はないので邪推してはならない．念のため．
[*3] すでにしつこく登場した日本学術振興会先端拠点形成事業「暗黒エネルギー研究国際ネットワーク」のサポートを受けて，開催したもの．本書「ガリレオ・ガリレオ」と「レレレのシュレーヂンガー」参照のこと．
[*4] 言うまでもないことであるがこの記号を文字通りマルバツましてやマルペケと読んではならない．各自お好きな形容詞を代入して読み進めて頂きたい．

を失いかねないような危ないやり取りである．しかしながら一方で，セクハラといった嘆かわしい問題が取りざたされることの多い病んだ現代社会に対して，お互いの人格を尊敬しあうような信頼関係の構築が本質的であるという警鐘を乱打する好例といえる．そのような熟考を経てあえてここで披露した次第である．

　Tさんのたってのご希望を受けて2次会はカラオケとなり，20人近い学生と一緒に参加した．私は数年ぶりのカラオケであったため，とりあえず自分だけが軽く10曲程度連続して歌って気がすんだらとっとと先に帰るつもりであった．しかしそこで音楽が万人の心の奥底に与えている影響の深さを思い知らされることとなった．この経験を通じて物理と音楽との類似点と相違点について感じたことを思いっきり吐露してみたい．

　最近のカラオケには20XX年ヒットメドレーといったタイプのものが数多く存在するようだ．人はみな現在の年齢には関係なく，高校・大学のころに聞いた音楽が心の奥底に刻み込まれている．通常思い出すことはなくとも，いったんメロディーが流れ始めれば，音楽とともに封じ込められていた記憶が大陸間弾道ミサイルのごとく一挙に飛び出すこととなる．大学院生達にとっては2000年代前半がそれに対応する．そのようなツボのど真ん中というべきカラオケメドレーが始まると全員がノリノリの大合唱である．うれしげな顔のものから涙目のものはもちろん，目がうつろになっているものまでいる．まだ若いにもかかわらず過去の思い出に浸るあまり，あちらの世界に行ってしまったのであろう．何事もなくこちらの世界に社会復帰されることをお祈りするばかりである．その一方で，聴いたことのない曲ばかりが次から次へ

と流れる中,「多人数の中の孤独」*5 という哲学的な寂しさが身にしみていたのは私だけのようだ．その代わり，冷静にこの状況をじっくり分析できた．

　まず，記憶が刻印されるのはあくまで一過的なヒット曲の場合に限られるようだ．絵画やクラシック音楽といった一時的なブームとは関係ないものの場合，時系列の記憶とは結びつかない．ヒット曲の場合，それがはやっていたころが1998年の桜が散ったころ，あるいは2002年の落ち葉が舞い散るころ，といった具合に数ヶ月単位で特定できる．したがってヒット曲自体を時間座標の代わりに用いることができる．絵画やクラシック音楽の場合よほど特別な個人的事情がない限りそういうことはあり得ない*6．いずれにせよ，時間座標の関数形を任意に選んで良いことを保証するのが一般相対論である．つまり，ヒット曲を聴いたときにそれを時間と同一視して人間が過去の思い出に浸ってしまうという症状は，一般相対論的効果にほかならない*7．

　私は，科学の意義を論ずる際に芸術を引き合いに出すことが多い．科学の意義をその付加価値（すなわち何か「別のことに役

---

*5 　一人ぼっちのときに感じる寂しさに耐えることはさほど難しくはない．しかし，多人数でいるにもかかわらず孤独感にさいなまれる場合はかなり辛い．とくに2人だけでいるにもかかわらず強い孤独感が押し寄せてくる状況こそ最悪だ．そのときに初めて一人ぼっちでいる寂しさのほうが何十倍も楽であることに気づく．大学院生レベルではまだまだ理解できないだろうな……．

*6 　たとえば私の場合，「4月になれば彼女は」「やさしさに包まれたなら」「あの日に帰りたい」（←本当だ．私の青春はいま何処……），「グッバイイエローブリックロード」「ラブイズブラインド」「栞のテーマ」「秋の気配」「シングルアゲイン」などといった時系列に沿った曲以外に，なぜか「ラウンドミッドナイト」「アンパンマンのテーマ」というある特定の時期にたまたま胸にしみいった曲も記憶と密接に結びついている．しかし，私の人生模様を反映してどれも暗めだなあ（しみじみ）．

*7 　我ながらかなり強引であることは否めないが，本書「一般ニ相対論」を書いてしまった成り行き上，このように結論せざるを得ないことはご理解頂けよう．

立つ」という観点）をもってして正当化する意見が世の中では主流派のようなので，高知県出身の「いごっそう」*9 としては第一義的には科学そのものを目的化してもいいではないかという直球勝負を挑みたくなるのである．音楽やカラオケの存在意義を詰問されたときに*9，消費者の音楽メディア購買意欲を高めることで日本経済を立て直し将来の年金問題を解決する，とか，各人が大声で歌いまくることで社会的鬱憤を解消し日本社会の治安を維持する，といった正当化を試みる音楽家など見たことがない．

　一方で，物理屋に物理学の意義を聞いたときには「いますぐは役に立たないかもしれませんが，50年後，100年後には必ずや社会の役に立ちます．量子力学を基礎としている電子デバイスや一般相対論なしでは使い物にならないカーナビがその端的な例なのです」といった発言をする人が多い．本当にそう信じて物理をやっているのであれば問題ない．しかしそれは実は後づけのきれいごとなのではないか，と私はひそかに疑っている．ほとんどの人は「だって面白いんだもーん」あたりが正直な本心であるにもかかわらず，それを吐露してしまっては見識を疑われるだけでは，との恐れから上述の発言に至っているのではなかろうか*10．実際，定年の際に行う最終講義のようにもはや自分の今後の責任を憂うる必要のない場では，「楽しいからやっていてど

---

*8　この「いごっそう」という言葉については，いずれ機会をあらためてじっくりと解説させて頂くつもりであるが，とりあえずここでは「あまのじゃく」程度の意味であると理解しておいてもらえれば良い．

*9　そもそもそんな問いを発する一般人がいるとは思えないが，それを専門としている哲学科の先生がいらっしゃる可能性は否定できるものではない．たとえば「現代社会におけるカラオケの蓋然性とその表象論的分析」とかをテーマとして……．

*10　これが拙著『ものの大きさ』（東京大学出版会，2006年）の序章の根底を流れる思想である．

こが悪い」「人様に迷惑をかけてきた覚えなどないぞ」「文句があるなら訴えてみろ」といった本音を思いっきり吐露する先生もいらっしゃると耳にしたことがある[*11].

ちなみに私が講演の枕としてしばしば話すのは「役に立つことは役に立たないことをするために役立つ」という深い世界観[*12]である．つまり，

```
          世の中の役に立つ技術
                ↓
  お金が入る（開発者）・余暇が生まれる（利用者）
                ↓
          本当に自分がやりたいこと
    （趣味，音楽，文学，絵画，旅行，学問）に専念できる
```

という図式である．この構図の最後の趣味に対応する部分に「役に立つ」ことを持って来る人はあまりいないであろう．そもそも「役に立つ」ことによってのみ正当化される事象は，それ自身の意義を他に求めていることを意味する．とすればけっして自己完結することはない．「役に立たなくとも」する事象こそ，外的世界とは無関係にその存在意義を主張しているわけである．こう考

[*11] あくまで噂の域を出るものではない．

[*12] 実はこれこそ講演で一番しゃべりたい結論かもしれない．少人数の企業人を対象としたあるセミナー（そもそも何か危ないなあ）でこのような世界観をとうとうとしゃべった後，主催者の人がやって来て「すばらしいお話でしたね．講演終了後に先生が金の壺の即売会でもされればついつい買ってしまったかもしれません」というお褒め（？）の言葉まで頂いたほどである．ちなみに東大出版会で私の担当となっているT嬢は講演会場で関連書籍割引販売という健気な営業活動を展開してくれることが多い．万が一，読者の方が私のこの類の講演会に出席されることがあっても，その後の「役に立たないもの」の展示即売会ではあくまでみなさんが自己責任で判断して購入して頂きたい．けっして自宅で落ち着いたころ，クーリングオフなどという単語を思い出すことのないように．

えてみると，人生のゴールを突き詰めると役に立たないことに帰着するという事実は自明と言わざるを得まい*13.

というわけで，役に立たないことは役に立つことよりも偉いという結論になる．1分間ほど慎重に検討した程度では，この論理に一分の隙も見当たらないはずだ．ただし，少数ながら「自分の趣味はお金儲けです」と公言してはばからない人もいる．その人たちの人生にとっては上述の図式内の矢印は一方通行ではなく，ぐるっとループをなすことになる．この場合, (a) 何周もすることで莫大な財をなしてしまいその管理だけに人生を費やす羽目になるか（もちろんそれが趣味だから楽しいに違いない），あるいは (b) 無一文になりループが閉じなくなる，さらには莫大な借金を背負い人生観が180度変わる，といった結末が予想される*14.

こんな屁理屈をこねくりまわさずとも，「君って役に立つ人間だね」とか「あなたって役に立つ人ね」と言われたとき，うれしいかどうか考えてみてほしい．いわゆる世間でトップに位置している方々に対してこのような「上から目線」的発言をすることなどあり得ない．つまり，「物理って役に立つね」と言われて喜んでいるようでは志が低すぎるのではなかろうか．全国津々浦々に生息している物理および天文関係者の皆様，世の中に媚びることなく「役に立たないからこそ大切」と堂々と言い放つ勇気をぜひとも持とうではないか！

---

*13　本文中での「役に立つ」はかなり狭い意味で用いている．たとえばボランティア活動などに代表されるような，より広義での世の中や他人の「役に立つ」こと自体を人生のゴールにすることの重要さはもちろん言うまでもない．
*14　もちろん，このように無責任な考察は当人にとっては余計なお世話以外の何者でもなかろう．

話が完全に横道にそれてしまったので，本論に戻ろう*15．さらに学生全員が驚愕したのはピンクレディーの影響力である．Tさんと同年代のIさんが2人そろって，言われたから仕方ないといった雰囲気を装ってピンクレディーメドレーに挑戦した*16．にもかかわらず，次から次へとメロディーが流れるたびに，TさんとIさんは完璧に同期した踊りを披露したのである（図1）．事前に打ち合わせたわけでもないのに，突然目の前で展開される一致した激しい踊り．あたかも初めて一般相対論の美しさに触れたときと同様のどよめきが学生間に広がった．

　最近の学生にとって，ピンクレディーは同時代ではなくすでに伝説の存在である．いわば我々宇宙物理学で生業をたてているものにとってのアインシュタインに匹敵するといっても過言ではあるまい．ピンクレディーが踊れて何の役に立つのか，といった愚問を呈するものなどその場には皆無である．役に立たないことの美しさに一同酔いしれたのである*17．

　実はそれから半年ほど経ったとき，『探偵ナイトスクープ！』で，40代の女性は全員ピンクレディーが踊れるというのは本当か，という視聴者からの根源的問いかけが街角で検証される模様が放映された．「もうすっかり忘れてしもうたわ」「そんなん，恥

---

*15 「ええー！ いまさら本論があるのか」といぶかしく思われた方は，健全な科学的懐疑心をお持ちである．

*16 男女共同三角関係推進委員会ではなく男女共同参画推進委員会とか，セクハラ防止委員会とかいった言葉が頭をよぎるので，あえてTさんとIさんの年齢にはふれないでおく．ただし以下の文章からある程度定量的な推測は可能かもしれないが，けっして私には罪がないことを明記しておきたい．

*17 ちなみにその模様をデジカメで動画撮影した学生がおり，その模様はCDに焼かれて好事家の間では高値で取り引きされているという．ただし，これまたあくまで噂の域を出るものではない．この動画が見たくてたまらなくなった方（ただし私のお友達に限る）はこっそり個人的に連絡して頂きたい．

物理とカラオケ | 135

図1 TさんとIさんのUFO連続技

ずかしゅうてできしまへん」とか，いちおうはとってつけたような前置きをしておきながら，メロディーが流れ始めると全員突然人格が変わったように「ウウー，UFO!」*18．したがって「もちろんその年代の日本女性は誰でも踊れる」が正解である．恐るべ

---

*18 これは物理学で1次相転移と呼ばれる重要な現象に対応する．2008年度ノーベル物理学賞を受賞された南部陽一郎先生の偉大な業績を髣髴させられる．

し，ピンクレディー*19．

しかし冷静に考えてみるとさらにすごいのはラジオ体操第一である．♪タンタータ，タンタン，ターンタータ，ターンタン♪というピアノのメロディーが流れるやいなや，1億3千万の日本国民誰でも無意識に両手を大きく上に挙げてしまっているはずだ．「三つ子の魂百まで」「雀百まで踊り忘れず」「心は忘れたつもりでも体はいつまでも覚えているのね」*20，といった昔から先人によって語り継がれてきた経験則が思い起こされる．

また一般にはあまり知られていないのだが，群馬県人の見分け方として，耳元で「伊香保温泉？」と問いかけるようにささやくと即座に「日本の名湯」と答えてしまう，という経験則がある．これは上毛かるたという群馬県義務教育必修カリキュラムの「い」が，「犬も歩けば棒に当たる」ではなく「伊香保温泉日本の名湯」となっていることに起因する*21．私のかつての大学院学生で群馬県出身の2名に対してはすでに実験済みである．皆さんもお近くに群馬県出身者がいらっしゃれば，ぜひともお試し頂きたい．驚愕すること，請け合いである．問答無用の早期詰め込み反復教育の効能が実感できる．

このような状況を見るにつけ，物理学が人々に受け入れられ

---

*19 兵庫県出身で私と同じく『探偵ナイトスコープ！』をこよなく愛しているYさんによれば，かつて「関西人は関西電気保安協会を読むときに必ずメロディーをつけて歌わずにはいられない」という企画があったらしい．関西以外の方には何のことやらさっぱりわからないとは思うが，これもまた音楽が人間に与える威力をまざまざと示す好例である．

*20 なぜここだけ女性風のセリフなのかと疑問をお持ちの方がいるかもしれないが，一般にそういう慣わしであるので，私には責任はない．男女△委員会の皆様，どうか誤解なきようくれぐれもお願いします．

*21 私は長いこと「いろは」かるたなので，最初の「い」だと思い込んでいたが，ある群馬県人の方から「あれはあいうえお順なので，『い』は最初ではなく2つめだ」と修正された．

図2　カラオケを通じて日仏親善

ている度合いはまだまだ音楽のレベルには程遠いことを痛感する．当面の目標は，物理カラオケ店の全国展開であろう．そのお店に入ると，「斜面に沿って転がる円柱の運動」「重力場中のばねと質点系の運動」「風が吹いている空気中でのドップラー効果」「1979年大学入試共通一次試験物理のすべて」「1990年代東大物理入試問題力学メドレー」「2002年全国大学物理入試問題ベストテン」などのメニューが満載．最初にタイトルが表示されると「やったナーこれ，チョーなつかしー」「オー，これ俺が受験して落ちたときの問題ジャン」「ドップラー効果の式で，音源が運動するときの速度は分母にくるんだっけ，それとも分子？」など，異様に盛り上がる．さらに採点モードを選択してしまったが最後，全員静まり返り一心不乱に解答用紙に向かう．途中でトイレに行きたくなると，思わず挙手をして監督者を目で探してしまう．ドリンク追加を頼むものなどいない．インターフォーンで「残り10分になりましたが」と店からの連絡があると，「すいません，あと1時間延長をお願いします」と思わず答えてしまう．このようなカラオケ店の経営が成り立ってこそ，真に物理が国民

に受け入れられるほど成熟した国家の証である．

ついでに音楽が人々の心に与える影響の深さを物語るエピソードを紹介したい．1997年に初めて台湾へ行った時のことである．会議が終わった日（とくに強調しておく）の夕方，観光がてら龍山寺へ行った．帰り際に，寺の前の道路に軽トラックのようなものが停まっており，多くの年配の男性達が群がってなにやら合唱している．近づいてみると，その荷台には日本の軍歌のカセットテープが山積みになって売られている．ラジカセで軍歌が流されており，それに合わせて台湾の人々が懐かしみつつ歌っている姿なのであった．この情景の解釈は複雑であるが，私は感動のあまりちょっぴり涙が出てしまった．第二次世界大戦にまつわる彼らの記憶，とくに日本に対する思いは私などが想像できるような単純なものではないはずだ．ましてや軍歌である．二度と聞きたくないと思うのが当然かと思いきや，当時を思い出しながら街角で合唱してしまうのだ．良い意味でも悪い意味でも音楽の影響力のすごさを思い知らされた．

さてなんやかんやで与えられたページ数[*22]に近づいてきた．本稿にも数多くのメッセージがさりげなく含まれているので，繰り返し復習して頭に叩き込んでおいてほしいものだ．あえて要約すれば以下の3点となろう．

- 物理と音楽に共通しているのは，何か別のものの役に立つということで存在価値を正当化するのではなく，それ自身で自己完結して意味を持つ，すなわち「役に立たない」という性質である．

[*22] そんなものがあるのかどうか不明ではある．

- 「習うより慣れろ」という言葉通り，なるべく若く多感な時代にとにかくひたすら繰り返せば，心だけでなく体が覚えてしまうはずだ．物理の早期詰め込み教育の重要性も考えておくべきかもしれない．

- 物理カラオケチェーン店の全国展開を目指せ．そこの店長には定年後の大学教員，店員には博士号取得直後の有為な若者を積極的に採用すれば，日本の年金問題とポスドクキャリアパス開拓事業にもおおいに役立つはずだ．

さあ，物理立国日本へ向けて，ウウー UFO!

応用編

土曜の昼，午後3時半

　中学生であった1972年ごろから，当時大学生だった兄に影響されサイモン&ガーファンクルを聞くようになった．彼らが解散したのは1970年なので，現役時代を知っているわけではないが，今日に至るまでずっとファンである．全くひょんなことから，担当のT嬢の上司であるKさんより「2009年7月11日の東京ドームコンサートのチケットが手に入ったのだがダンナが来られなくなったので，代わりにいかがですか」というありがたい話を頂いた．というわけで，今回はサイモン&ガーファンクルのコンサートに出かけて，その会場でつらつらと考えたことを書いてみたい．

　午後3時半開場，5時開演と，この種のコンサートとしては異様に早い．当日は土曜日でもあったし，参加者の年齢を十分考慮してのことだろう．4時過ぎに到着した私は，早速，行列に並んで公式プログラムブックを購入．3000円也．21列287番席でじっと待つ（図1）．その時点ではまだ3割程度の埋まり具合でしかなかった観客席に，時間とともに続々と人々が集まりやがて満席となるのを眺めていると，今回の聴衆の年齢層の高さが明白である．60代と思しきご夫婦や女性グループなど，かつての青春

をもう一度脳裏に刻み付けたいという気持ちが伝わって何かほほえましい．私などはむしろ若いほうだ[*1]．サイモン＆ガーファンクルはいずれも1941年生まれだから，同時代を生きてきたファンの大多数は60代，70代なのである．車椅子で来ていた人も少なからずいた．さらに，私の席の前にずらっと並んだ男性客の頭頂部は軒並み寂しげである．それらも会場全体にほのぼのと温かい雰囲気を生み出してくれて心地よい．

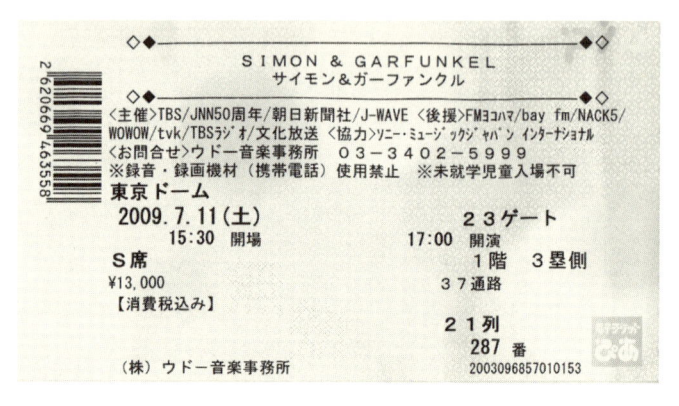

図1　サイモン＆ガーファンクル東京ドームコンサートチケット

開演予定の午後5時を20分ほど過ぎ，いよいよ2人が登場．いきなり「オールドフレンズ」から始まる．

♪ 今から何十年も経つと

ぼくら2人も公園のベンチの両端に座ったまま

その日が過ぎるのをじっと待つようになるのかな

そんなの絶対想像できないよね

70歳になるなんて ♪

[*1] その後，教養の高い友人の1人であるSさんも聞きに来ていたことを知った．私の知合いも実は多くいたのかもしれない．

1968年当時27歳であった青年2人にとって，70歳などという年齢が想像できるわけもない．老人と形容すべきである．その気持ちを若者の目から素直に形容したこの曲を，現実に68歳となった旧友2人で歌う心境とはどのようなものなのだろう．この会場に詰めかけたファンの大多数もまた，当時と現在の自分を比べながらそれぞれの感慨に浸っているに違いない．私もすでにそのような気持ちがわかる年齢の1人である．

　「冬の散歩道」「アイアムアロック」「アメリカ」と誰でも知っている名曲が続き，気分も絶好調．このように数々の珠玉の名曲を送り出した彼らの素晴らしさにあらためて感銘を受ける[*2]．

　次にアート・ガーファンクルが自分のもっとも好きな曲の一つだと紹介して歌い始めたのが「キャシーの歌」．私もまた好きな名曲である．「スカボロフェア」「早く家に帰りたい」あたりになると，最初ややかすれ気味であったアート・ガーファンクルの声も徐々に輝き始める[*3]．画面にダスティン・ホフマンの映像が大きく映し出され，『卒業』の名場面がいくつか紹介されたところで「ミセスロビンソン」．引き続きケーナのイントロから始まる「コンドルは飛んでいく」．徐々に場内の一体感が高まってくる高揚感がなんとも言えない．

[*2] 物理関係の研究者の場合，生涯に書く論文は約100本程度である．その中で関連分野の他の研究者から「ああ，あの論文か」とただちに思い出してもらえるようなものが2, 3本あればそれなりに成功した研究者だと言えよう．音楽であろうと研究であろうと，通常はそれなりの数を発表してこそ，その中の少数が優れた結果として評価されるのである．サイモン＆ガーファンクルのように，活動期間が短いにもかかわらずその間に発表した曲のほとんどが秀逸なレベルであることは驚き以外の何物でもない．

[*3] 驚くべきことに，私にはポール・サイモンは最初から当時と同じ声のままであったように思われた．もっとも彼の場合，アート・ガーファンクルとは違い，声の美しさがセールスポイントというわけでもなかったからだろう．

途中で 2 人が交代で登場し，それぞれソロの 3 曲程度を披露した．なんせ，68 歳である．コンサートツアーはかなりの体力が必要であるから，ソロの時間を取ることで交代で休憩するのは当然である．しかし何と言ってもサイモン「&」ガーファンクル．ソロの時間帯にはぞろぞろとしかも堂々と席を立つ人が目立つ*4．

その後再び 2 名が登場し，いよいよ「明日に架ける橋」で大きく盛り上がるもののそのまま退場．「ボクサー」も，「サウンドオブサイレンス」も，「四月になれば彼女は」もまだ歌ってないから，これで終わることは許されない．というわけで，完全に予定調和的にアンコールは「サウンドオブサイレンス」と「ボクサー」と予想通りの曲が続き，いよいよ最高潮の盛り上がり．

私が彼らのコンサートを直接聞けるのは今回が最初で最後であろう．このコンサートを通じて，彼らの偉大さはもちろんであるが，より一般に音楽というものがいかに人間の心に深い感動を与え得るかを思い知らされた．というわけで，「物理とカラオケ」で行った考察を，もう少し真面目にやり直してみたい．

音楽においては，作曲家と音楽ファンの間に必ず演奏家という階層が介在する．しかも，優れた演奏家に対しても極めて高い評価が与えられる．これは他の芸術とは異なる際立った特徴のように思う．小説家と読者の間にも，強いて言えば担当編集者という階層が考えられるが，これはあくまで黒子的な存在でしかない．実際には編集者の献身的なサポートなくしては完成しなかったような文学作品があったとしても，読者にとって見えるのは小説家

---

*4 まあ 60 代ともなると近くなるのは仕方なかろう．開演前にビールを飲んだ際，入念にトイレをすませておいて良かった，とホッとする．

だけだ．編集者が評価されることなどほとんどない*5．

同様に，画家と絵画ファンの関係も直接的である．それらの間に無理矢理，音楽の場合の演奏家に対応する階層を考えようとすると，換骨奪胎・剽窃・模写といったあまり良くない単語が連想されてしまう．

一方，科学の場合はどうであろう．そもそも物理屋という単語は良く聞くが，物理家と呼ばれているのを聞いたことはない．芸術家，政治家，金満家，資産家，漫画家，大家，愛煙家，すき家，吉野家などに対して，ダフ屋，株屋，バッタ屋，犬小屋，と並べてみると物理屋の社会的評価の低さを象徴しているようにも思えてくる．ただ当事者である我々が，物理屋という言葉を好んで使うことは多い*6．……またまた，完全に話がずれてしまったので元に戻そう．

言いたかったのは，物理屋と物理ファンの距離の遠さと，それを埋めてくれるべき科学インタープリター・科学コミュニケーターという階層の薄さである．そもそも通常，物理屋が自分たちの研究成果を発表する対象として想定しているのは物理屋仲間なのである．

科学は，先人の成果の上に立ってそれをさらに推し進めることができるという性質を持っている．したがって，たとえ大学院生であろうと，過去にアインシュタインの成し遂げた業績よりもさ

---

*5 本書においてT嬢の果たした役割の大きさは自明であるが，本書自体があまり評価されるとは思えないので，やはりT嬢も評価される可能性は低い．編集者の皆様，いつもご苦労さまです．
*6 実はやや謙遜を含ませつつも物理学をやっていることに関する誇りをさりげなくちりばめた微妙なニュアンスで用いていることが多い．さらに人によっては，周辺分野の方々に対して開口一番「私は物理屋ですから」と始めてしまい，すっかり嫌われてしまう例も多い．むしろ単純な物理屋がやりがちな典型例である．

らに深いレベルの研究に到達することが可能である．というか，その結果が持つ意義やインパクトの重要度は別として，自然科学の研究ではそれが当たり前である．かのニュートンがフックに宛てた手紙で書いたとされる「私が他の人よりもさらに先が見えたとするならば，それは先人の肩に乗ったからにすぎない（If I have seen further, it is by standing on the shoulders of giants）」という言葉は，まさにそのような自然科学研究の持つ特質を言い得ている．一方で，先人の研究を先に進めるというわけではなく，いわば物理ファンに向けてそれらをわかりやすく説明する役割というべき科学インタープリター・科学コミュニケーターに対する評価は必ずしも高くない．残念なことである．

これに対して音楽では，バッハやベートーベン，モーツァルトなどから影響を受けることがあっても，だからといってそれらを聞いているだけで彼ら以上の作品を作曲できるようになるわけはない．それができるのは彼らを越えるような天才だけである．一方それとは独立に，それらの古典的作品を解釈し一般の音楽ファンに対して表現してくれる演奏家の独創性や音楽性の高さに対しても，惜しみない評価が与えられ得るし，事実そのような人材はつねに新しく生まれ続けている．

科学の分野では，2時間の講演を聞くために1人1万円以上の入場料を払う5万人で東京ドームを埋め尽くすことが可能とは思いがたい．音楽を聞いて感動したり涙したことのない人間は皆無であろうが，科学によってそこまで心を揺さぶられた思いをした人はほとんどいないのではないだろうか．そもそも，音楽家と音楽ファン，科学者と科学ファンという対応関係があるとするならば，科学に感動する人はほとんどの場合当事者たる科学者に極

めて近いのではないだろうか.

確かに科学を理解するためにはある程度の知識と経験が必要である.良し悪しは別として,それがある意味では科学の限界と言えるのかもしれない.だとすればなおさら,科学者と科学ファンの間をつないでくれる「良質な」科学インタープリター・科学コミュニケーターの存在が大切となるはずだ[*7].そのためには物理屋などと自称して斜にかまえているだけでなく,科学が社会により広く認知されるような活動に少しでも手を貸すべきであろう[*8]

さてすでに耳にタコかもしれないが,私の研究テーマの一つに「ダークエネルギー」というものがある[*9].宇宙に存在するものの約4分の3を占めると推測されているにもかかわらず,空間的には完全に一様に分布しているため直接観測はできない.それが「ダーク」という形容詞の所以である.それに関係して私が講演で多用してきたネタの一つに「坂本龍一氏がサハラ砂漠の真ん中で完全な無音状態を経験し,あまりのすごさに録音したのだが他人にそのすごさを共有してもらうことはできなかった」という

[*7] 科学者の多くがその方向の努力を怠っている結果,一部にはレベルの低い著者による劣悪な解説書が氾濫している.しかし単に本人の誤解や理解不足であればまだ罪が軽い.(本人の自覚の有無は別として)確信犯的とも言うべき「悪質な」えせ科学本が書店で平積みになっているのを見かけると,売れさえすれば良いという価値観だけに振り回されている出版社も含めて社会的な責任の重さを考えてほしいと痛感することが多い.
[*8] ただし,本人が協力しているつもりでも結果が裏目に出ることも往々にしてあるので,互いの監視が必要である.たとえば本書の内容はどうなのか,と詰問されると沈黙せざるを得ない部分もある.物理に対する真摯な興味を持つ読者を増やすどころか減らしてしまう可能性のほうが高いかもしれない.
[*9] 実際に耳にタコができた人を見かけたことはないのでとりあえずまた繰り返しておこう.

のがある[*10].ダークエネルギーも同様に,何もない暗闇を「撮影」しそこにダークエネルギーが満ち満ちていることを説得するような試みだ,と続けるのである.

コンサート終了後,Kさんにこの話をしたところ彼女はたちどころに「そんなこと,そもそも『サウンドオブサイレンス』というタイトルそのものじゃないですか! 出だしからしてまさに"ハローダークネス,マイオールドフレンド"ですよ」と看破してくれた.うーむ,確かにその通り.これこそダークエネルギー研究の心なのであった.こんなことに気がつかなかった自分が情けない.これからの講演でどしどし使ってやろう.というわけで,2週間後のある講演で早速このネタを思いっきりしゃべりまくった.

それから1ヶ月ほど後のこと.私の長年の共同研究者であるプリンストン大学のT先生ご夫妻が来日し偶然東京ドームホテルに滞在されたので,そこで一緒にランチをとることになった.その際に「先月,この横の東京ドームで行われたサイモン&ガーファンクルコンサートに行った」と自慢したところ,彼らもアメリカで2003年に行われたオールドフレンドコンサートを聴きに行ったことがわかった.ご夫妻はともに私より10歳年長であるので,まさにサイモン&ガーファンクルの最盛期に時代を共有していたのだった.科学と音楽は国境を越えた普遍性を持つということだけは間違いない.今回のコンサートはこれといって特筆することのない私の人生においてとても大切な1ページとなった.この機会を与えてくれたのみならず,ダークエネルギーとの関係

[*10] 本書「一般ニ相対論」参照.

までをも教えてくれたKさんにはただただ感謝するのみである．ありがとう，オールドフレンド．

高校物理の教科書

　「高校で習った物理は面白かったですか？」という街頭アンケートをした場合，イエスと答えてくれる人がはたしてどの程度いるものだろう．世の中の大多数の人々から「物理は面白くない」どころか「物理（という教科）には嫌悪を感じる」，さらには「物理という単語を聞いただけで発疹が出てしまい皮膚科に通院中」といった話を聞かされることが少なくない．とすれば，ここで「でもね，物理って本当はこんなにすばらしいんですよ」と熱弁をふるえばふるうほど，支持率急降下の内閣，行革対象となった天下り法人，完全にブームが去った後のお笑い芸人，などが少数の関係者だけを集めてエイエイオーとやっている状況に似た虚しさを覚えるだけだ．物理を取り巻くこの現状を見るにつけ思わず「責任者出て来ーい」と叫びたくなる[*1]．しかしながらよく考えてみれば，大学教員である私自身この責任者群の末端なのかもしれない．さて困った．

　以前，近所の主婦の方から「物理で覚えていることと言えば，

[*1] もちろんこの言葉を声に出す際には，あらかじめ周囲に関係者がいないことを慎重に確認しておくことが必要不可欠である（これは人生のあらゆる場面で重要となる普遍的な処世術である）．さもなければ知らないうちに我が身に危険がしのびよって来る可能性がある．

滑車をたくさんつないで下から引っ張ったり，斜面に箱をおいて落としたりとかいった問題だけですね」と言われたことがある．これは極めて象徴的である．物理で飯を食っている人々にとって，それらは単に現象の理想化の一例にすぎず，より現実的な状況を解析するための通過儀式でしかない．それらが物理という教科の代名詞的な役割をしているなどとは思いもよらない．大多数の（仕方なく物理を学ばされる）中高校生に対して，物理の目的やゴールといったことを何一つ伝えることのないまま，断片的な知識を教え込むことだけが教育であるかのように思い込んできた事実が浮かび上がる．

極論すれば「物理（より一般に科学）は面白い」ということさえ伝えることができれば，もっと学びたいという意欲は自然に後からついてくるのではないだろうか．物理を学ぶゴールが，滑車の上げ下げ，斜面上の物体の運動，斜め投射運動に尽きると思われてしまっては，一生やる気がしないのも無理はない．

我々関係者が集まると「物理を履修する高校生が減少の一途であるのはゆゆしき問題ですなあ．日本の将来は暗いですよ」という亡国論にまで話が及ぶことが多いが，これまた大局的な視野を欠いている．もちろん業界人として物理履修者が増えることは喜ばしいのであるが，そもそも根底にあるのは理科離れ・科学離れであろう．科学が進歩するにつれて最先端の知識までの距離が遠ざかる結果として，身の回りに満ち溢れている技術の基本的な仕組みについてすら「どっちみち難しくてワカンネー」「原理はわからなくても使い方はわかるから別に困らないシー」というブラックボックス的感覚を当然とする風潮が浸透しているのだ．

高校生を対象とした講演をする際には，「この中で物理を選択

している人は手を挙げて」，さらに「物理の教科書が面白いと思う人はそのまま手を挙げたままでいて」と聞くことから始めることが多い．いちおう，大学の先生に悪いと思うからであろうか，必ず数人は手を挙げたままでいてくれる．喜んでもらえることを期待しつつ少し顔を赤らめながら手を挙げて待つ純粋な彼ら／彼女らに向かって「まだ手を挙げたままのみなさんは変態かもしれませんね．高校の物理の教科書は全くイケテナイと思うんですが」という予想外の言葉を浴びせかけてしまう私．物理嫌いを増殖させかねない不謹慎な行為である．

　その瞬間，ややうつむきかげんで手を降ろしていた大多数の生徒達はとたんに大喜びとなる．そもそも彼らは，別に頼んだ覚えもないのに高校が勝手に企画した講演会に無理やり出席させられた上，大学の先生とやらに失礼がないよう「何があっても寝たりするなよ」「わからなくてもわかった振りして最後まで聞けよ」など，担当教諭から細かい注意を事前に申し渡されているはずだ．講演会の冒頭から「物理って本当に面白いですね」などと言われた日には，これから1時間にわたり繰り広げられる地獄の講演を想像して暗澹たる気持ちになること間違いない．

　といっても，大多数の物理嫌いの生徒に媚びて発言しているわけではない．私自身本当にそう思うのである．またけっして物理の教科書そのものに文句をつけているわけでもない．最近の教科書は私の時代には想像できなかったようなさまざまな工夫をふんだんに取り入れている．理解を助けるべく，数多くのイラスト・グラフ・写真がしかもフルカラーでちりばめられている．コラム的な囲み記事として発展的内容が丁寧に説明され，各章の末尾には重要な公式がまとめられ，さらに巻末には課題研究の進め方か

らテーマの見つけ方・テーマ例・発表方法までもが紹介されている．まさに至れり尽くせりだ．

でもまだ何か違うような気がする．それは遮二無二答えを教えようとするのではなく，「自然は不思議なことだらけであるという事実に気づかせる」姿勢の欠如ではないかと思うのだ[*2]．したがって高校生に対する講演では「いまではこんなことまでわかるようになっているんですよ」的に最先端の知識を叩き込むのではなく，できる限り「あまり考えたことがないと思いますが，言われてみればこれもあれも不思議なことだらけで，しかもそれらはまだ完全には理解されていないんです」という立場で話すように努めている[*3]．

人は不思議だなと実感するからこそ興味を持ち，さらにはどうしてそうなるのか知りたくなる．たとえば，手品をする際に一度も実演することなく種明かしをしたならば，「へえー」にせよ「なーんだ，だまされた」にせよ，観衆が反応してくれるはずがない．単に興ざめするだけだ．まずは繰り返し実演して見せることで，「どう考えても変だ，こんなこと起こるはずがない」と納得するからこそ，「じゃあ本当はどうなっているのか．いらいらするから答えを教えてほしい」となる．

高校物理の教科書ではまさにその最初の部分が省略されているように思える．むろんよく読むと実はさらっと短く書かれていた

[*2] 岩波科学ライブラリー 152『ブックガイド〈宇宙〉を読む』（岩波書店，2008年）第 9 章．

[*3] 実は私の専門は宇宙論ということになっているので，それはまさに事実である．つまり「宇宙の 72.1 ± 1.5 パーセントがダークエネルギー，23.3 ± 1.3 パーセントがダークマター，残りの 4.6 ± 0.2 パーセントだけが通常の元素ということまで精密にわかっているのです」と表現するのでなく「宇宙の 95 パーセント以上は誰もその正体を知りません」と正直に伝えるだけのことだ．

りすることもある．ただし，あまりにもあっさりと書かれているために，不思議さをいまだ実感できないでいるうちに種明かしへと突入してしまう感じである．ページ数の制限のためか，教科書というスタイルのためか，はたまた指導要領のためか，私には判断できない．

具体的に手元にある物理Iの教科書の力学の章を眺めてみよう．まず速度と加速度が定義される．もちろん初めから「速度」と「速さ」は違うし，「平均の速度」と「瞬間の速度」は違うことが教え込まれる．常識のある生徒は「物理屋と話すときには気をつけないといけないな．どうでもいいことにいちゃもんをつけることが好きな人種らしい」とうすうす警戒し始める．その後，等加速度直線運動，自由落下，鉛直投げ上げ，水平投射，斜め投射と進む．いい加減げっぷが出そうになる．さらに，力，力のつりあい，作用と反作用，いろいろな力を説明した後で，やっとニュートンの慣性の法則と運動の法則が登場する．

むろん，この教科書の記述の進め方には全く隙がない．30年以上前に私が習ったときもまたほとんど同じ順序であったように記憶する．まさに正攻法である．教えるべき内容をあらかじめ定義してから理路整然と順序だてて説明するにはこれしかないのかもしれない．にもかかわらず（だからこそ？），読んでいてワクワク感が伴わない．やっとのことニュートンの法則に到達したときにはすでにこまごまとした知識の山に埋没させられている．

本来自然にわきあがるはずの「慣性の法則なんてなぜ成り立つのだろう．力が働かないとやがて静止すると考えるほうがずっと直感的じゃないか．実に不思議だ」という疑問を発する余裕はもはや失われている．たまにそのような疑問を持つ生徒がいたとし

ても「その直感が間違っているのであり,慣性の法則こそ自然界の正しい姿なのだ」とばかり,断片的知識を認めることを強要されてしまうのがおちだ.私がいつも胸に刻んでいる「宇宙がビッグバンでできたなどという知識は二束三文の価値しかない.問題はなぜそう考えられているのかだ」[*4]という言葉の意味とも相通じるものがある.

とはいえ「言うは易し,行うは難し」.偉そうに文句をつけるのならば具体的にどうすべきか提案してみろ,と怒られてしまいそうだ.私のかつての学生であったY君が所属していたサークルの合言葉は「批判より提案を」だったらしい.至極もっともかつ好感の持てる合言葉である.さりげなく脚韻を踏んでいる点もまたにくい[*5].具体的な提案と言われると少し躊躇するが,たとえば物理Iを例に取れば以下のようなものである.

まず個別の章に入る以前に,科学的世界観とはどのようなものかをじっくり説明する章を独立して設ける.その説明には少なくとも教科書の 20-30 ページ程度を割くべきだろう.どんなに複雑に見える現象も,細かく要素に分解していくことでより単純な現象に還元できること.そして,その単純化の先に森羅万象が従う自然法則の存在が見えてくること.一方で全く逆に,本来は単純である要素が多数組み合わされることで,そこからは予想もできないような驚異的な現象が生み出されること.この2つのせめぎあいによって自然界が構成されている事実をさまざまな具体例を通じて理解してもらう.

[*4] 佐藤文隆『科学者の将来』(岩波書店, 2001 年).
[*5] そんなことはどうでも良いのだが,以下の具体的提案に進むのを何とか避けようとする心理の表れであると理解して頂ければ幸いである.

その後は，ある程度歴史の流れに即して現在の物理観がいかにして完成されたかを概観する．物理学の歴史は，必ずしも正しくはない直感的な予想から出発し，徐々に背後の摂理を探り当てる過程に対応している場合が多いからである．その上で再度，力学，エネルギー，電気，波の4つの章のそれぞれ最初の節で，なぜこれらを考える必要があるのかという問題意識を繰り返す．その後の節はむしろ記述の順序を逆にしたほうが良いかもしれない．力学の章で言えば，物体の運動の背後には何らかの法則が存在する，それがニュートンの法則として知られている，それを理解するには，加速度と力という概念が必要である，そのためには，速度，さらには変位を理解する必要がある，という具合に逆からたどるのである．

　上述の例えで言えば，手品の実演に対応する部分を最初に明示してみては？　ということだ．仮にその後の節で展開される種明かしが理解されなくとも，最初の節で述べられた不思議さを共有してもらえれば十分成功したと言える．「答えはちゃんとは理解できないけど，科学／物理って面白いよね」という人々を増やすことこそまず目指すべき方向性であろう．世の中の大半の人は手品やマジックの類が大好きだと思うが，それは彼らがそのタネを理解しているからではない．理解していなくとも，いやより正確に言えば理解していないからこそ，不思議さを感じなおさら楽しくなるのである．

　どうも私の主張は，物理の教科書を推理小説仕立てにしろ，ということに尽きるようだ．すべての登場人物を丁寧に描写し心の奥の葛藤を読者に説得力を持って伝えた後で，必然的に殺人に至るという書き方をしてしまうと，感動の文学作品としては成立

し得るとしても，推理小説としての醍醐味は完全に失われてしまう．ましてや，名探偵が殺人事件の起こる前にすべてを正しく予測し，未然に殺人を防いでしまったりしては推理小説ではなくなってしまう（本当の名探偵ならばどうして殺人事件を未然に防止できないのか，というのは推理小説における根源的なミステリーである）．やはり，唐突に殺人が起こり，一体何が起こったのかを理解する過程で人々の心の闇の部分が徐々に解き明かされ，最後に真犯人の特定に至る，というのが常道である．まず謎を突きつけてから，後戻りして追体験することでその謎の解明に至る，という手順を踏まなくては最後まで読む気がしないであろう．

これは推理小説に限ることではなく，「素人にはまずしばらくおいしい思いをさせ，徐々に深みにはめて逃げられないようにした後でどーんと稼ぐ」というのが世の中一般に流布している人生の鉄則のはずだ．最初から「嫌ならどうぞいつでも自由に逃げてくれ」と言わんばかりのバカ正直な物理教科書のスタイルは商売上手とは言いがたい．

ところで，これは物理の教科書だけの問題なのであろうか．また，物理履修者の数を増やすといった皮相的な観点だけで議論してよいことなのだろうか．私の出身高校では受験上の配慮から理科としては物理と化学だけを履修すればよかった．当時はそれ以外の勉強をする必要がないことにとても感謝したものだが[*6]，最近新たな研究を開始するにあたり生物と地学の基礎知識の欠如に悩まされる羽目となった．仮に高校における物理，化学，生物，地学という4科目の設定が，大学教員やその関係者の専門

[*6] 昨今の高校必修教科未履修問題という言葉が頭をよぎったりする．

分野間バランスから決まったものだとすれば，それこそ最大の問題である．理系や文系には関係なく，さらにはそもそも大学に進学するかどうかによらず，高校生が身につけておくべき最低限の科学リテラシーとは何か，という視点にたって高校理科を再編成すべきであろう．

　このようなことは教育関係の方々は十分承知どころか，すでにそれを克服すべくさまざまな試みをされているはずだ．あえて私のような素人が出る幕はないかもしれないが，たとえば科学I, 科学IIといった分野横断的な科目を必修にして，その上に現在のような科目を一つ選ぶというスタイルもあり得よう．これはあまり成功したとは聞かない，理科I, 理科基礎，理科総合のアイディアと同じなのかもしれない．しかしながら，単に現行の物化生地を独立した章に並べただけのダイジェスト版ではなく，それらに共通している分野横断的な科学の基礎を高校生に教える必要性は自明であろう．要は内容の必然性とそれを教える教師の自然観の問題である．

　大学の先生の都合に合わせてか，物化生地という奇妙な4分野に切り分け，大学で教える内容を理解するために必要な知識を個別に詰め込むだけでそれらを横につなぐ科学的世界観を教えてこなかった弊害を認識すべきである．物理だけに限っても，「森羅万象の背後には自然法則がある」という摂理を教え，「少数の基礎的な法則から驚くべき多様性に満ちた現象が生まれてくる」ことの不思議さを共有できる心を涵養すべきである．それなくして，剛体の運動だの，電磁誘導だの，半導体だのを教えようとしても，高校生の心はますます離れてしまうに違いない．大学で理系を専攻する生徒だけを対象とするのではなく，文系あるいは大

学に進学しない高校生にも科学の魅力を刷りこんでおくような科目の創設が必須であると思う．

　大学の教員が高校の教科書を見ると「大学で講義をするためには，このあたりまでは高校でしっかり教えておいてほしい」という観点ばかりが先走りがちである．逆に言えば，その教科を学ぶのは高校で最後，という生徒に対しては不要ではないかと思える内容にまでふれている可能性がある．その結果が理科嫌いを生んでいるとすれば本末転倒である．正直，私も物理の教科書だけを眺めているとどれも省略できないような気がしてくる．しかしこれはすでに職業病なのであろう．その証拠に，化学・生物・地学の教科書の場合，本当にここまでくわしく教える必要があるの？私は聞いたこともないぞ，と感じる箇所が少なくない（単に自分の無知をさらけ出しているだけかもしれないが）．とすれば結局，科学I, IIとかしたところで，高校ではそれぞれの専門に近い先生が章ごとに独立して教えることになりかねない．大学関係者ではなく，高校生の側に立った内容の厳選が不可欠である[*7]．

　科学の目的は，「自然界の謎に解答を見出す」ことではなく，「人々が共感できるような謎を発見する」ことである，というのが最近の私の主張である．世の中が不思議に満ち溢れていることに目を見開かせることこそ科学者の義務なのではないだろうか．

[*7] これは理科に限らず社会でも同じはずだ．高校の世界史・日本史・地理の教科書や大学入試問題を眺めると，こんな細かいことまで要求されているのかという驚きを禁じえない．再び恥をしのんで告白すれば，私にとって高校の社会科は「木を見て森を見ず」的に，短期記憶として断片的な知識のみを習得しただけであった．歴史とは何か，地理とは何か，という本質を理解することなく終えたため，知識を忘れ去った後にはほとんど何も残らない無教養な人間が残っただけである．けっして高校での社会科教育だけに責任転嫁するつもりはないが，かつての私のような低レベルの生徒の存在も忘れないでほしいと切に希望する．

フェルマーの定理の存在を知って心ときめかせた人々は数え切れまい．こんな簡単な定理が世界中の秀才の誰にも解けていないらしい，というときめきである．むしろ（一般人にはとうてい理解不能な）証明がされてしまったために夢を失った人のほうが多いかもしれない．歴史的難問に答えを見つけてしまった研究者には「その責任を取ってもっと面白い謎を発見しろ」と言いたいところである[*8]．

ここまで書いた上で再度読み返してみると，高校物理の教科書というよりも，高校生（さらには一般の方々）に対する科学の俯瞰的教育・啓蒙活動をどうすべきか，というかなり一般的な議論に行き着いてしまった感がある．とすればその方面では全くの素人にすぎない私では，結局「批判より提案を」になっていないというそしりを免れ得ないかもしれない．しかしながら，今後の高校の物理さらには理科をどのように再構成し教えていくべきかを検討していらっしゃる方々が本稿から「こんな考え方もあるかも」とでも感じて頂けたならば幸いである．

本稿は某教科書会社の物理教科書作成担当者と交わした議論がもとになっている．その際により良い教科書を作りたいという担当の方々の強い熱意を感じたし，実際に教科書を執筆されている先生方のご努力には頭が下がる思いがする．自分の経験から言っても，信頼できる本を完成させることの困難は自明である（私の場合，数多くの勘違いやミスがあるのであらかじめ開き直って訂正用のウェブページを準備している）．ましてや高校の教科書と

[*8] 前述のようにこの文章の推敲はプリンストン大学で行っている．フェルマーの定理を解決したのはプリンストン大学数学科アンドリュー・ワイルズ教授である．可能性は低いものの，この発言をするときは周囲に関係者がいないことを慎重に確認しておく必要がありそうだ．

なると，その重要性から考えても気が遠くなるような作業が必要なはずだ．さらに，指導要領や教科書検定など，執筆者側だけではどうしようもない強い制約条件も存在する．正直，私などにはとてもできない重責である．妄言多謝（「都会のネズミと田舎のネズミ」図 4）．

東京大学大学院理学系研究科
物理学専攻

窮理学ノススメ

物理学とは物の理(ことわり)を窮める営みを指す[*1]．我々の自然界（の一部）を可能な限り簡潔にかつ正確に記述できるような秩序（自然法則）を探すことと言い換えても良い．用いることのできる言語は数学であるが，これが現実の自然界を完全に記述できる保証はない．したがって，物理学によって構築される世界は，現実の自然界（の一部）を我々が頭の中で理解できる形にマッピングしたものにすぎず，両者の関係はあくまでも近似的なものである．とすれば，物理学とはつねに「その時点で知られている」自然界（の一部）が内在する秩序に対する最良の近似を与える以上のものではない．その意味で物理学（より広く一般に自然科学）は，つねに自ら正しい方向へと修正しながら進歩していく性格を内包している．

いきなり小難しいイントロから始めてしまったが，その補足説

[*1] 現在では，「窮」は，困窮，窮乏など負のイメージを持つ単語に使われることが多くそれ以外では「究」を用いることが普通かもしれないが，ここでは福沢諭吉翁に敬意を表して，「窮理学」としておく．現在の物理学が窮状にあるなどという誤解はけっしてなさらぬよう．

明もかねてとりあえず図1を見ていただこう．これは，考え得る世界の論理体系の包含関係を概念的に表現したものである．領域別に少し説明を加えてみよう[*2]．

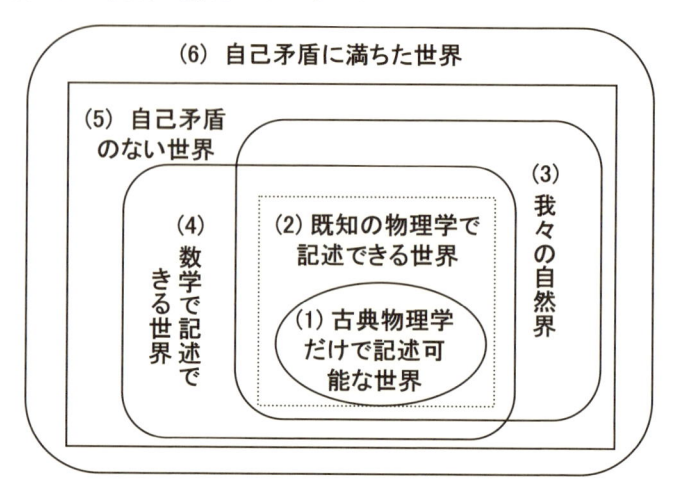

図1 自然界の論理構造

(1) 日常生活で我々が経験する現象のほとんどはこの領域にある．古典という言葉は，音楽，絵画，文学などにおいては賞賛の意味をこめて使われることが普通だが，古典物理学の場合，量子力学を考慮していない「古い」物理学というニュアンスで用いられることがある．このため，まだ分別のない若者は古典物理学が量子物理学よりも劣っているという錯覚を持ちがちであるが，それが全くの誤りであることを確信できて初めて一人前と言える．

(2) 19世紀には重力と電磁気力という古典物理学がほぼ確立し

[*2] このあたり異論をお持ちの方が大勢いらっしゃることであろうが，全く耳を貸さずに話を進める．以下同様．

た．1900年4月27日にケルビン卿は有名な「熱と光の動力学理論を覆う19世紀の暗雲」という有名な講演を行った．波動としての光を伝える媒質であるはずのエーテルが検出されないこと，および気体分子運動論にもとづく黒体輻射スペクトルの予言が実験結果と相容れないことをもって，物理学の将来に悲観的な見解を示したのである．しかしその直後の量子物理学と相対論の誕生は，自然界はつねに時代の最高の頭脳の予想を裏切るような奥深さを持っていることを端的に示す*3．しばしば20世紀は物理学の時代と評されるように，20世紀の飛躍的な発展のおかげで，物理学はその適用領域を(1)から大幅に広げた．その結果である(2)をあえて「既知の」物理学と形容し境界を点線で示したのは，この領域が物理学の発展とともにいまもなお現在進行形で拡大しつつあることを表現したつもりである．

(3) 既知の物理学を超えた領域に新しい物理学の体系が存在していることを疑う余地はほとんどない．というか，理論家はすでにその候補を持っている．超対称性理論，超ひも理論という物理屋の中でもごく少数しか理解できないような難しいモデルは，理論的検討のみならず，実験的な検証の段階を迎えつつある．これらは数学的に無矛盾な体系であることが確立したならば，(3)と(4)の共通集合の中で(2)には含まれない領域に存在する可能性がある*4．

---

*3 拙著『解析力学・量子論』(東京大学出版会, 2008年) 第6章参照.
*4 私はその少数の中には該当しないので，これ以上くわしく論じることはできない．大学に入った頃に，「数学は自然科学ではない．数学では論理的に正しければそれは

(4) しかし実は (3) と (4) の包含関係はわからない．図 1 で示した包含関係はもっとも保守的である．つまり，我々の自然界を完全に数学で記述できるという考えは思い上がりもはなはだしく，その一方，数学的には正しくとも現実の自然界に対応しないような論理体系があっても全く不思議ではない，という思想にもとづく．ここらあたりになると物理学者が議論する領域からは大きくずれてくる．むしろ哲学者の専門分野と言うべきであろう．

(5) と言いながらも，このような思考はさらに先に進めることができる．我々の自然界が採用しているわけでもなく，数学によって記述することもできないような無矛盾な体系ははたして実在し得るのだろうか．思想の自由が日本国憲法で保障されている以上，それを考えるなと言う権利はないが，相談に来る学生がいたとすれば，せいぜい (3) と (4) の共通領域の外の世界にはけっして足を踏み入れないようにアドバイスしてあげたいところである．しかしこの矛盾に満ちた現代社会を考えれば，(5) の外にすら世界は厳然として実在することこそ認めるべきなのかもしれない．それが (6) である．

真であると結論して良いが，物理学（自然科学）ではいくら論理的に正しくとも現実の世界（実験，観測事実）がそうなっていなければ，それは真ではない」といったことを教養の講義で聞かされて，思わず感動してしまった人も多いことであろう．恥ずかしながら私もその一人であった．しかしながら，さらにもう一歩踏み込んで，「では論理的に正しいのにもかかわらず，我々の世界で拒絶されている理由は何か」「その体系は自然界においてどのような位置を占めているのか」といった質問に答えることは困難である．理学部の先生にそのような質問をしつこくしていると嫌われるのみならず，ブラックリストにのることは確実である．より適切な指導教員がいると思われる他学部他学科へ転部・転科することを強くお勧めしたい．

歴史

異様に長い前置きはこのぐらいにして，そろそろ物理学教室の紹介に入ることにする[*5]．明治元年に設置された開成学校は，明治2年12月に大学南校と改称された．明治3年10月に制定された大学南校規則によれば，理科の学科は，窮理学，植物学，動物学，化学，地質学，器械学，星学，三角法，円錐法，測量法，微分・積分とされている．明治10年4月12日に東京開成学校と東京医学校とを合併して東京大学が創設された際に，法・理・文・医の四学部が置かれ[*6]，理学部には「数学物理学及び星学科」「化学科」「生物学科」「工学科」「地質及び採鉱学科」の五学科が設けられた．この時期に物理学を担当したのは外国人教授だった．初代日本人物理学科教授は明治12年7月の山川健次郎氏[*7]である．彼は明治34年に第6代東大総長に就任，2006年12月には理学部1号館前に胸像が設置された．物理学教室では毎年12月に学部3年生が中心となってニュートン祭を開催することになっており，学部学生，大学院学生，現役教員，元教員の交流の場となっている．これは，1642年12月25日に生まれたアイザック・ニュートンにちなんだものであるが，明治12年12月に当時学生であった田中舘愛橘氏[*8]らの発意で始められたという長い伝統を持つ．明治14年に，数学物理学および星学科

[*5] 以下の記述のほとんどは「東京大学百年史」にもとづく．
[*6] にもかかわらず，東京大学の多くの公式書類では「法医工文」という順番が用いられるのが慣用のようだ．本書「外耳炎が誘う宇宙観の返遷」脚注6および拙著『ものの大きさ』(東京大学出版会，2006年) 参照のこと．
[*7] 本学科で初めての博士号授与者 (明治21年) でもある．
[*8] 東京大学物理学教室の卒業生としての初めての教官で，明治16年に講師，明治19年に助教授，明治24年から大正6年まで教授を勤めた．

が，数学科・物理学科・星学科の3つに分離され，現在の物理学教室の源流となった．

大学院と研究分野

東京大学物理学科の学生約70名はその9割以上が大学院に進学する一方，約100名の修士課程入学者のうち約半数は東京大学以外の出身である．修士課程修了者のうち博士課程に進学するのは5-6割で，残りは公務員や民間企業など幅広い業種で活躍する道を選ぶ．物理学専攻では専門分野をサブコースと呼ばれる面妖な分類（表1）を行い大学院入試が実施されている．そこでこの分類に従って各専門分野を概観してみたい．

表1 サブコースと研究分野

A0	原子核理論
A1	素粒子理論
A2	素粒子原子核実験及び加速器
A3	物性理論
A4	物性実験
A5	一般物理理論（宇宙物理，相対論，流体力学，量子情報）
A6	一般物理実験（非線形物理，流体力学，プラズマ物理，量子光学，原子分子物理　他）
A7	生物物理
A8	宇宙・宇宙素粒子実験（電波，可視・赤外線，X線，γ線，宇宙線，ニュートリノ，重力波，ダークマター探索　他）

A0： 地上に存在するすべての元素は，核子（陽子と中性子）が強い相互作用によって結合した原子核によって構成されている．世の中の物質の多様な存在形態と性質はこの原子核という量子多体系に起因するが，その本質である核力の性質はまだ多くの謎を残したままである．さらにこの原子核

をより基礎的な階層であるクォークの多体系として理解しようとする理論的試みは，量子色力学という素粒子物理，中性子星や宇宙初期の新たな物質相を通じて宇宙物理学と密接な関係を持つ．

A1： 自然界のもっとも根源的な素粒子とそれらの相互作用を追究する分野が素粒子理論である．物理学専攻の中で，もっぱら図1の(2)の領域の外のみを模索する人々はほとんどの場合このサブコースに所属する．とくに(2)の外側の境界のごく近傍に集中している集団は「現象論」と呼ばれ，(3)と(4)との境界，あるいは(3)の外側に興味を持っている集団は「純理論」と呼ばれている．現在では，後者の人々と数学者との区別が容易ではなく，実際この分野の世界的なリーダーが数学分野でもっとも栄誉あるフィールズ賞を受賞したりしている．

A2： A0あるいはA1のサブコースの理論予言を実験的に検証／否定することで，(3)の領域に占める(2)の境界を拡大するとともに，A1の人々が過度に(3)の外側に興味を持つことのないようにフィードバックをかける重要な役割を果たす．物理学専攻の中で最大のビッグサイエンスに属し，必然的に国際規模での共同研究の割合が高い[*9]．

A3，A4： 自然界の本質は何かという質問に対して，要素還元的にもっとも単純化した世界における基本法則であると

[*9] 「都会のネズミ」ではなく「都会のライオン」と呼ぶべき人々である（本書「都会のネズミと田舎のネズミ」脚注7参照）．

答えるのが A0 から A2 のサブコースで共有されている価値観であるとするならば,それらの基本要素が集団化して初めて発現するような秩序こそ現実の自然界の魅力であると考えるのが A3 と A4 における価値観ではないだろうか.統計物理学,固体物理学を主体とするこの分野は,日本では(広義の)物性という言葉で呼ばれることも多い.これに対して,素粒子・原子核・宇宙の研究を一くくりにして素核宇という変な省略語も頻繁に用いられる.物性と素核宇,この 2 つの価値観を比較する際にいつも思い出すのは,小さいころに見た鉄腕アトムの 1 コマである.人間の友達が空に打ち上げられた大輪の花火を眺めてその美しさを楽しんでいる横で,アトムの目に映っていたのはそれらの元素記号の集合であった.アトムは「こんなもののどこが美しいんだろう」とつぶやく……,と私の記憶が正しければこのような内容だったはず.むろんこの一見相容れないようにも思える 2 つの価値観は,相補的に支えあいながら物理学の魅力を物語る[*10].

A5:いわば「その他」の理論サブコースである.古典物理学の中でもとくに奥深い流体力学,中性子星の合体やブラックホールの形成などの強重力が本質となる現象の観測可能な予言を追究している数値相対論,宇宙創生を基礎物理法

[*10] 全く関係ないが,子供のころ見たテレビアニメの 1 コマでもう一つ忘れられないのは,エイトマンの食事風景である.人間の友人と食事をした後,彼は 1 人そっと胸のパネルを開け,先ほど口にした食べ物をそこからすべて取り出して捨ててしまう.アトムの話もそうであるが,美しいものを愛でる,あるいは美味しいものを味わう楽しみを共有できないロボットの悲哀を印象づけられた.

則から説明しようと試みる量子宇宙論，現在の宇宙の姿から逆に宇宙の初期条件を探る観測的宇宙論，本質的に量子力学的な状態を積極的に利用した情報処理を目指す量子情報，などこのサブコースの研究の分野は極めて幅広い（というか，種々雑多である）．

A6： このサブコースは必ずしもA5の理論研究に対応した実験研究というわけではなく，幅広い対象を実験的に探求している．核融合を目指したプラズマ研究，レーザーを用いた超精密測定法の開発，パターン形成などユニークな研究がなされている．

A7： 歴史的には，本物理教室は日本の生物物理学の発祥の地であると言っても過言ではない．21世紀は生物学の時代であるという表現はもはや陳腐化した感があるが，単に流行にとらわれることなく物理学マインドを持つ人材を育成することで，新しい時代の生物物理学の開拓を目指している．

A8： 宇宙物理に関係した観測・実験グループが多いのも物理学専攻の特徴の1つである．国内の他の研究機関との密接な協力のもと，電磁波にとどまらず，粒子線，重力波を含む広義の多波長宇宙観測を行っている．さらに地下ニュートリノ実験，ダークマターの直接検出など素粒子物理学との境界領域の研究も盛んである．言うまでもなく，2002年度のノーベル物理学賞に輝いた小柴先生の超新星ニュートリノ検出の業績は，このサブコースから生まれた偉大な成

果である[*11].

　以上をまとめると，物理学専攻で展開されているほとんどの研究は (2) の内側の境界近辺にあるが，そのすぐ外側の境界付近に素粒子現象論・素粒子実験が，(3) の内側の境界ぎりぎりから (4) の境界あたりに素粒子純理論が分布している．その外側にひろがっている（かもしれない広大な）領域は理学部物理学専攻の守備範囲ではない．(4) の外側で (5) の内部の存在を模索するのは文学部哲学専攻，(6) の領域は政治家や怪しげな団体の専門家あたりにお任せしよう．

　駒場から本郷への進学，また大学院受験に関係して受ける質問として圧倒的に多いのは，「工学部の物理工学科と理学部の物性関連研究室の違い」，および「天文学科と物理学科の宇宙関連研究室の違い」の2点である．研究という観点だけから見れば，これらには本質的な違いはなく共同研究も含めて互いに密接な関係にあると言えよう．もちろん，具体的な研究の詳細まで突き詰めれば，工学部・理学部，あるいは天文学科・物理学科という枠の問題ではなく，研究室・教官ごとの興味の問題に帰着する．私の専門である宇宙物理学を例にするならば，現在の教員の顔ぶれだけから見ると，X線天文学，相対論や量子宇宙論などは物理学科，光赤外天文学，太陽物理，元素合成などは天文学科，と棲み分けられてはいるが，別に学科としての境界というわけではなく今後変わる可能性は十分ある．物理学科を宣伝する立場として言うならば，大教室の利点を生かして素核宇・物性・生物など物

[*11] 厳密には，当時と現在のサブコースの分類は若干異なっており，当時の A2 の中で宇宙に関係した分野が独立して現在の A8 となった．

理学の広い分野に接する機会が与えられるので，その中から自分が本当にやりたい分野を見つけることができる点を強調しておきたい．学部時代に垣間見ることのできる物理学の分野は限られているのみならず往々にして偏っていることが多い．利那的にそれらに毒されることなく，広く物理学全体を見渡した上でじっくり自分の将来の道を考えることをお勧めしたい．

物理学専攻の文化

以前，「物理学とは対象の学問ではなく手法の学問である」という言葉を耳にしてなるほどと思ったことがある．実際，上述のように物理学の扱っている対象はまさに森羅万象，広範囲であることがわかる．またそこで用いられている研究や自然に対する価値観も多種多様である．そのおかげか，物理学専攻の人々は一般の方々に比べて変わり者が多いだけではなく他人に対しても極めて寛容である．私の研究室は理学部1号館西棟9階にある．この階の南半分に生息する人の大半は，我々の時空が本当は$9+1$次元であり，通常の空間3次元のそば（？）に小さくて見ることのできないコンパクトな6次元空間がぶらさがっていると信じている．

満員電車で，「我々の時空は$9+1$次元だ」などとブツブツつぶやいていると，どんなに混んでいても不思議に座席が空いて座れてしまうことは確実である．にもかかわらず，物理学科の学生たちにはこの$9+1$次元人種に対する強い憧れの念も根強い．その一方で同じ階には$2+1$次元時空を懸命に計算している人々も生息している．さらに中央棟9階には空間1次元に閉じ込められた物質系の性質を追究している人もいる．とは言ってもそのよ

うな理論系の人たちはすべて9階に隔離され，それ以外の研究室は6階以下に配置されているあたり，さすがに寛容な物理学教室と言えども，危ない価値観のこれ以上の蔓延は食い止めたいという意志が働いているのかもしれない．

このように専攻内の文化にも大きな違いがある．まじめな大学院生が初めて学会で講演する際に，「どのような服装で行ったらいいでしょうか？」という質問をしてくることがある．もちろん私は，「ネクタイやスーツを着ていくと笑いものになる」と答えるのであるが，これは，素粒子・原子核・宇宙分野の文化なのであろう．私は国際会議で招待講演をする際でもいつものむさくるしい格好のままであるが，別にとがめられたことはない[*12]．その一方，物性分野では企業関係の研究者の方々も多く，学会講演の際にきちんとした身なりをするのは当然の礼儀である．このような異なる文化を持つ集団であることは，自然淘汰の結果として生存し続ける物理学の秘訣なのではなかろうか．

国際的認知度

さて，物理学専攻の国際的認知度を客観的に示すデータの一つにトムソンサイエンティフィック・トムソンコーポレーション株式会社が発表している，過去11年間に発表された論文の被引用回数ランキングがある．2006年4月の結果によれば，東京大学は物理学分野において161,747回で世界第2位，ちなみに全論文数は14,844本となっている．この結果は狭い意味での物理学専攻のみのデータではないし，統計の取り方など細かい部分では

[*12] 気がついていないだけという可能性は否定できない．

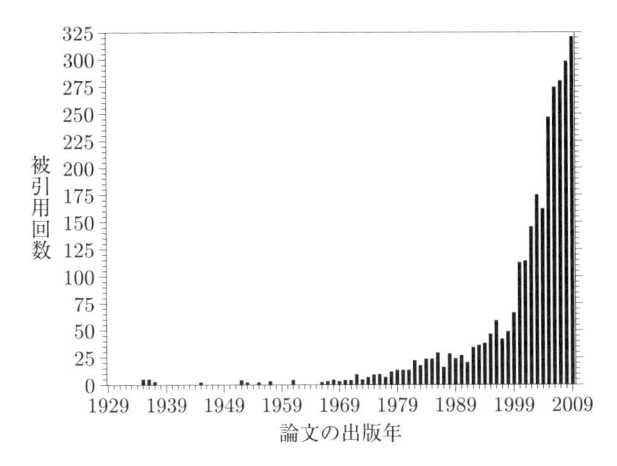

図2 アインシュタイン,ポドルスキー,ローゼンによる1935年の共著論文 "Can Quantum-Mechanical Description of Physical Reality Be Considered Complete?" の引用回数の年次変化

議論もあり得るが,東京大学における物理学研究のレベルの高さを示していることは間違いない[*13].被引用回数など取り上げるのは品がないとお感じになる方もいらっしゃるであろう.同感である.というわけで,少し余談を付け加えておく.

一般市民まで含めても,アインシュタインが物理学においてもっとも著名な学者であることは言うまでもない.しかし,彼の研究の引用回数を調べてみるような奇特な方はほとんどいらっしゃらないことであろう.というわけで早速調べてみた[*14].

全被引用回数 6,828 回中,ブラウン運動,特殊相対論,一般相対論,の論文がそれぞれ被引用度の2位 (532回),3位 (467

[*13] たとえば,2004年までは東京大学の物理学分野における被引用回数は世界1位であった.しかし,2005年度からはドイツのマックスプランク研究所に所属する80程度の機関をまとめてマックスプランク研究所の1機関として扱うことになったため,同研究所が世界1位となった由.

[*14] 用いたのは宇宙物理関係の論文データベースである ADS (Astrophysical Data System) で,2009年11月24日時点での結果である.

回), 4位 (285回) となっている. もちろん時代が違うので数字自体には意味がないにせよ[*15], 身近の人々に「これらの論文はどの程度引用されていると思うか?」という意地悪な質問をした範囲では, これだけ少ないと予想した人はさすがにいなかった. さらに興味深いのは,「アインシュタインの論文中, もっとも被引用回数が高いものは何か?」という質問で, 答えは, アインシュタイン, ポドルスキー, ローゼンによる 1935 年の共著論文 "Can Quantum-Mechanical Description of Physical Reality Be Considered Complete?"(「物理的実在の量子力学的記述は完全であると考えられるか?」)で, 2,843 回である. この引用回数を引用された年毎のヒストグラムで示したものが図 2 で, 発表以来 50 年ほどは全く引用されていないにもかかわらず, その後急速に伸び現在に至るまで増加の一途である. もちろん, 引用回数などとは無関係に, この論文はいわゆる EPR パラドックスとして, 量子力学と相対論の整合性というもっとも基本的な部分に疑問を投げかけた歴史的な仕事で, 物理学をかじった人なら誰でも聞いたことがあるはずだ[*16].

彼らの論文が哲学的な意味を超えて, 量子力学基礎論, 量子情報という実証的な分野にまで成熟するには 50 年以上待つ必要が

[*15] 世界中で出版されていた論文総数, 研究者人口が現在とは桁外れに小さいことに加えて, 当時の論文からの被引用データの捕捉率が著しく低いためでもある. そもそもこれだけ有名な論文となると, あえて原典を引用する必要すらない. 一般相対論に関係した論文を書くときにアインシュタインの論文を引用するようなことはいまやあり得ない (もしそんなことをするとかえって笑われかねない).

[*16] 当時と現在では出版される論文数が全く異なる.「現在出版されるすべての論文誌を一つに積み上げると, その高さの上昇速度は光速度を超えてしまい相対論に矛盾するのではないかという疑問が湧く. しかし, それは相対論には矛盾しない. なぜならば相対論と矛盾するのは情報が光速度を超えて伝わる場合であり, これらの論文は何一つ情報を持っていないからである」というのは, よく知られたジョーク (だと信じたい) である.

あったということになる．とくに基礎物理学の理論分野においては，「すぐに役には立たないけれども，50年，100年先に重要となる研究」といった表現がなされることがあるが，これはまさにその稀有な例である．東京大学物理学専攻でも，図1における(2)の境界を拡大しようとする研究が数多くなされていることを紹介したが，これから50年後，100年後であったとしても，それらが確かに我々の物理学の地平線を切り拓くような壮大な成果に結びつくことを期待しつつ本稿を終えることにしたい．

天文学就職事情

　文学と天文学はどこか似ている．もちろん字面だけの話ではない．実社会に直接役に立つ効用があるかと問われれば，いずれの場合も答えは否である．では不要かと言うと，そんなことはない．「人生は一度しかない，だから小説がある」という言葉があるらしい．大望遠鏡が撮影するさまざまな天体の画像は一般の方々にもっとも興味を持って頂ける科学的成果の代表格であることを思い起こせば，「人生は一度しかない，だから天文学がある」と言い換えても良いくらいだ．北村薫は『六の宮の姫君』（東京創元文庫，1999 年）の中で，政経学部の男子学生と文学部国文学科の主人公に，

　「文学部か，いいなあ」
　「え，どうしてです」
　「思い残すことがないでしょう」

という会話を交わさせている．
　一方，就職という観点からは両者はかなり異なっている．天文学科の学生のほとんどは大学院に進学し，やがて天文学者になることを志向している．しかしながら文学部の場合，日本全国の

膨大な学生数を考えれば，そのほとんどが文学者になることを志向しているはずがない*1．実際，プロの天文学者のほとんどは天文学あるいは物理学の学位を持っているが，プロの小説家が文学部を卒業しているとは限らない*2．実際，北村薫はさらに上述の小説において主人公に「私は《文学部しかない》と決めていて，それが何のためとは思わなかった．しかし，勉強が，それ自体のためというより，ステップであるということも当然あるわけだ．いや大学という存在の《機能》を考えたら，そちらのほうが自然なのかもしれない」と独白させている．

以下は，2005 年 10 月 7 日に札幌市で開催された日本天文学会秋季年会における天文教育フォーラム「就職：採用する側とされる側のミスマッチ——こんな人材がほしい 2」で行った講演の報告*3をもとにして加筆修正を行ったものである．

物理離れ

東京大学物理学科の教員の間での最近の話題は，2006 年度に物理学科へ進学する学部学生が定員数を下回るという史上初の事

---

*1 『データからみる日本の教育』（文部科学省 2006 年版）によれば，2005 年の大学学部学生数は 250 万人で，人文科学が 16.2 パーセント（40 万人），理学が 3.5 パーセント（8.8 万人）となっている．実は日本で正式に独立した天文学科が存在するのは，東北大学，東京大学，京都大学の 3 つのみで（京都大学では宇宙物理教室と呼ばれている），それぞれ 1 学年の定員は 10-15 名程度しかない．ただし実際には，より多くの大学にある物理学科に所属する天文学関係教員の下で天文学を学んでいる学部学生のほうがはるかに多く，1 学年 100 名以上はいると思われる．
*2 実はこの比較はそもそもナンセンスである可能性が高い．天文学者は宇宙を研究し，文学者は小説（を代表とする文学一般）を研究するとするならば，天文学者と文学者，小説家と宇宙創造主がそれぞれ対応すると考えるほうがより適切だ．宇宙創造主が天文学科を卒業しているとは思えないから，小説家が文学部卒でなくても驚くにはあたらない．
*3 日本天文学会誌『天文月報』99（2006）97-101 ページ．

態である．最近の学生の間で理学部物理学科に対する人気が下降しているのでは[*4]，という危機感が我々の間で急速に高まってきた．しかし実は大半の大学の先生方にとってはそんなことは当たり前．むしろ，「何をいまさら」「やっぱり東大の先生は世の情勢が何もわかっていないな」といった印象を持たれるだけであろう．

東大の場合，駒場で1年半の教養課程を過ごした後で専門課程を選び本郷に進学する，というシステムのため，本郷の教員は駒場の学生の変化に対して鈍感であるからかもしれない．工学部はずいぶん以前から危機感を持ち，駒場の学生に積極的に働きかけをしているのに対して，理学部は黙っていても優秀な学生が来ると思い込んで何もしなかったツケである，とも言われている．

実は，遅ればせながらではあるが，2004年度からオムニバス形式で物理の研究最前線を伝えるというゼミナールを駒場の学生に対して物理学科が開講し，私も2コマ担当した．我々としては講義前に，100人程度は聴講者がいるだろう，と予想していたにもかかわらず，登録者ですら20人ほど．さらに第8回であった私の担当時にはすでに出席者は6人というありさまだった[*5]．しかし気を取り直して，プロジェクターのために暗くした5時限目の教室で講義を始めて30分後，最新の宇宙マイクロ波背景輻射探査機が明らかにした宇宙の組成，といよいよ講演も山場を迎え，私のテンションも最高潮．しかしふと，よーく学生を見

[*4] これは物理学科に限らず，生物学科と天文学科を除く理学部全体にあてはまるとささやかれている．

[*5] もちろん私の講演歴において，聴講者数のダントツの最低記録である（追記：実はその翌年にも同じオムニバス形式の講義をもう一度担当したのだが，私の担当回に出席した学生はわずか2名であった．理論的には最低記録は0名まであり得る．まさに現実の自然界では物理法則に矛盾しない限りあらゆることが起こり得ることを痛感させられた）．

るとなんと全出席者6人中5人が居眠りをしていたのである！冬に気持ちよい温度の暖房が入り照明を落とした5時限目の教室で寝るなというほうが酷かもしれない．付け加えておくと私の心の救いともいえる居眠りをしていなかった唯一の学生もその後講義終了時までに5分ほどしっかり居眠りをしたことを確認してしまった．というわけで，聴講者全員が必ず一度は居眠りをしたという，おそらく今後塗り替えられることはないであろう輝かしい記録を土産に，駒場東大前を後にしたのだった．

これは偶然の極端な例だっただけなのだろう[*6]．その証拠に幸いなことに物理学科に優秀な学生が大多数進学してくれていることは以前と変わってはいない．一方で，必ずしもそうとばかりは言えない学生が増えているのも事実らしく，最近の学生の学力は2極化してきた，などという議論がされている．もちろん，その下のほうの学生の学力を向上させてこその教育者と言うべきであるが，東大教師は学生の学力を伸ばすことよりも，そもそも優秀な学生を受け入れることのほうに熱心なようである[*7]．

こんな助教は遠慮したい・こんな助教が欲しい

次に，助教[*8]の採用に関することを述べてみたい．数年前から，東大理学部ではすべての人事は公募が原則となった．したが

[*6] とにかくそう信じておこう．
[*7] 悲しいことであるが，就職の際に企業が東大の学生を評価する理由は，4年間に東大で身につけた内容ではなく，大学入試に合格したという事実だけであると言われている．これは教育者としての東大教師に対するかなりの侮辱だと思うのであるが．
[*8] この文章を書いた時期には助手と呼ばれていたが，現在は助教という名称に変わっている．助手という名称は誤解を与えがちだからであろう．我々研究者のコミュニティーでは，助手あるいは助教は独立した研究者である．アメリカではほぼ assistant professor に対応する職なので，むしろ助教授と呼ぶほうが適切かもしれないのだが．

って当然，東大物理でもすべての助教は公募によって決定される．とくに東大物理では教授あるいは准教授とペアで一つの研究室を運営するシステムとなっているため，互いの関係は重要であるし，どのような役割が期待されているのかは個別の事情に依存するはずだ．しかし，あえて一般的な言葉でまとめるとすれば，「良い研究をして早く転出する」ということであろう[*9]．もちろん，研究室の重要なスタッフとして学生を教育・指導できることが重要な要素なのだが，これは同時に外で自分自身の研究室を持つための準備でもある．したがって，「研究室」でやっている研究のみならず，「自分」が開拓した研究を開花させて自立するという意味での，教授・准教授との相補性も強く期待されている．とくに理論系では研究室内での研究テーマの幅広さを確保する意味でも，自分のカバーできない分野を得意とする相補的な研究を行ってくれる助教の存在こそ重要だ．

一方，仮に優れた研究をバリバリやっているとしてもこんな人は遠慮したいという例を思いつくまま並べてみるならば，「自分の研究だけにしか興味がない」「自分の研究していることをあまり話さない」「外に転出する意志がない」「学生の指導を面倒くさがる」「大学にあまり出てこない」「陰気である」「他人と議論ができない」「モラルが欠如している」「研究費を不正利用する」といったところであろうか．

むろん，冗談だと笑い飛ばして頂きたいところだが，少なくとも 1 つか 2 つあてはまる大学院生はけっして少なくないかもしれない．将来，研究職を目指しているみなさん，研究室の他の人

[*9] 東京大学物理学教室では，人事交流活性化の観点から助教は内部昇格しないことが暗黙の了解となっている．

に自分の研究していることを定常的に話しているだろうか？ 研究室のセミナーのときに積極的に質問や議論をしているだろうか？ これらは研究職に就く上では，単なる必要条件にすぎないほど当然のことだと思うのだが，はたしてどの程度の割合の学生がそれを満たしていることか．良い意味での積極性を持つことは必須である．

このフォーラムの後の懇親会で「パーフェクトな人材が就職できるのは自明なので，もっと普通の人に当てはまるような就職のアドバイスはないんですか？」という至極もっともな質問を受けた．そのときはビールのせいで何とごまかしたか忘れてしまった．しかし，まじめに回答するならば，「余人をもって代えがたい」度合い，ではないかと思う．このことに関してだけは誰にも負けない，この計算・解析ができるのは自分だけ，といった他の人ではカバーできない部分の大きさを増やしていくことが研究職への道ではないかと，（少なくとも私は）信じている．

天文学のポストを増やそう

以前，ある大学の哲学の先生と宿泊型研究会でご一緒する機会を得た．私にとっては哲学者という人種を直接見た初めての貴重な経験で，おおいに楽しませて頂いた．そのときふと，「しかし，哲学者なんて本当に少ないんでしょうね．日本哲学会の会員は何人程度なのですか？」と聞いてみたところ，「ええ，まあ2100人程度ですかねえ」という答えが返ってきた．さて天文学会員のみなさんはこの数字を聞いてどう思われたであろう？ 正直なところ私は「ぶったまげて」しまった．

私自身はほとんど日常的に天文学者と接しているので，天文学

者が珍しい人種であるという意識など毛頭なかった．これはおそらくみなさんも同じであろう．しかし，この日本国には実は天文学者よりも哲学者のほうが多いらしいのだ[*10]．これは言わば，動物園で珍しい動物を観察していたつもりでいたら，実は自分のほうが檻に入れられてその動物にながめられていたことに気づいたときのようなショックに匹敵する．

結局そのときに思い当たったのは，「日本中のほとんどの大学に少なくとも一人は哲学の先生がいる一方で天文学の先生はほとんどいない」効果である．確かにこれは大きな違いを生み出す．日本の4年制大学の数は756，短期大学は435であるが[*11]，前述のように天文学科が存在する大学はわずか3つしかないのだ．かつては英語以外の第2外国語を履修することが大学生と高校生の決定的な違いであるとされていた．幸か不幸か，英語が世界の共通言語のようになりつつある現在，第2外国語の重要性は以前とは比べようもないほど下がってしまった．にもかかわらず，ほとんどすべての大学でいまでもXXX語（XXX文学ではなく）を教える先生がいる[*12]．

ということは逆に考えればこの人数は天文関係の就職難にとって潜在的には救世主となり得るのではないか．冒頭で物理離れという話をしたが，これは必ずしも天文・宇宙離れではない．物理学科の生き残りという意味で，天文・宇宙関係の研究室を増や

[*10] 日本天文学会の総会員数は約2900人であるが，大学あるいは研究機関で天文学研究を行っている正会員（大学院生を含む）だけに限れば約1600人．
[*11] 文部科学省平成19年度学校基本調査報告書による．
[*12] 講演時にはXXXに具体的な名前を入れて発言したが，文書として残してしまうと，私の身に危険がおよぶ可能性もあることを鑑みてあえて伏字にした．読者のみなさんは各自お好きな外国語名を入れた上で読み進めて頂きたい．

ていくことが極めて有効であることはすでに経験上証明されている．難解になる一方の現代科学において天文・宇宙物理学は生物学と同等，いやそれ以上に，一般の方々がつねに興味を持ち続けてくれるテーマであることは間違いない．実際，アメリカの大学において，文系（non-science major）学生が選択する教養レベルの科学のコースでは天文学は高い人気を誇っている．複雑な数式が不要，直感的，きれいな写真が多い，問題意識がわかりやすい，わくわくする話題が豊富，などの理由はいくらでも思い浮かぶ．とすれば，今後，我々が目指すべきは「XXX 語の先生の代わりに天文学の先生を」運動ではないだろうか．

これがどこまで現実的であるかどうかはわからないが，少なくとも私はまじめに提案しているつもりである．いまなお XXX 語の先生が日本の大学に大量に存在することはもはや歴史的遺産としか思えない[*13]．むしろ，文系理系を問わず大学生には科学的な考え方を身につけてもらうことは必須で，その意味でも天文学は拒否反応を心配する必要のない格好の題材と言うべきだ[*14]．目の前に迫っている団塊の世代の退職という絶好の機会を利用して，「XXX 語を天文学に」運動が全国の大学で展開されることを祈りつつ筆をおくことにしよう．文系の学生諸君，天文学を選択して身につけよ，科学リテラシー！

[*13] だからこそ，あえて XXX という伏字を使ったわけである．付け加えておくならば，私は教養学部時代には物理よりも第 2 外国語として選択したフランス語のほうにずっと興味を持って勉強した．そのため本書には意味もなくフランス語の話題が登場している．したがって，けっして第 2 外国語に悪印象を持っているわけではない．それどころか第 2 外国語を学ぶ機会を与えてくれた教養学部にはとても感謝している．

[*14] 2008 年 10 月に東京大学駒場において 1，2 年生を対象とした学術俯瞰講義を 3 回分担当した．200 人を超える学生が参加してくれて，うれしいことに半数近くが文系の学生諸君であった．

ping
問題編

復習問題 25

　以下の問題はけっして正解を得ることを目的としたものではない．自分の理解度を確かめ，必要に応じて復習を促すためのものである．全25問の解答制限時間は5分とする．あえて正解はふせておくので，自分の解答に自信がない場合には，再度（初めての人もいるかもしれない）本書を丹念にじっくりと時間をかけて読み直し，理解を深めるべきである．要点をまとめた自筆ノートを作成しながら読み進めることも効果的であろう．

問1　量子力学の基礎方程式として正しいものを選べ．
　　　A　シュレヂンガー方程式
　　　B　シュレディンガー方程式
　　　C　シュレーディンガー方程式

問2　著者が初めての銀座のお店で目にしたものは何か．
　　　A　山
　　　B　谷
　　　C　山頂

問3　イギリスで内側からドアを開けることのできない電車に乗った場合に最初にすべきことは何か[*1]．
　　　A　窓が正しく開くかどうかあらかじめ確かめておく
　　　B　あきらめて念仏を唱える
　　　C　そこで降りるとおぼしき現地人のめぼしをつけておく

[*1]　難問である．正答するためには，本書だけでなく拙著『解析力学・量子論』（東京大学出版会，2008年）も参照せざるを得まい．

問4 著者の尊敬するO先輩がアメリカのレストランで必ず出されてしまうものは何か．
　　A コーヒー
　　B コカコーラ
　　C コブチャ
問5 アメリカの小学生は太陽の絵を描くとき何色で塗るか．
　　A 赤
　　B 黄
　　C 青
問6 著者のかつての指導教員に万有斥力を発見したとする手紙を送ってきたおじさんの職業は何か．
　　A 駒込のお弁当屋さん
　　B 東大名誉教授
　　C 東大理学部物理学教室高エネルギー実験専攻教授
問7 そのメロディーを耳にすると1960年代生まれの日本女性の大半が無意識に踊り始めてしまうとされる女性2人組歌手の名前は何か．
　　A ピンクレディー
　　B こまどり姉妹
　　C ザ・ピーナッツ
問8 著者がその聡明な長女から横顔が瓜二つだと賞賛された有名人を選べ．
　　A ガリレオ・ガリレオ
　　B 福山雅治
　　C 東野圭吾

問 9 ニュートンの偉大な業績の一つとして知られているものを選べ．

　　A 相対性理論の発見

　　B 農場において牧草の伸びる速度を考慮した際の草刈人数の計算法

　　C 振り子の等時性

問 10 クロワッサンはどれか．

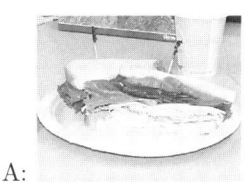

A:　　　　　　　　B:　　　　　　　　C:

問 11 すべての群馬県人が「伊香保温泉」と聞いたとき即座に口をついて出る言葉は何か．

　　A とれとれピチピチカニ料理

　　B めざせ山頂

　　C 日本の名湯

問 12 著者の長女と誕生日が同じ著名な物理学者を選べ．

　　A 湯川学

　　B スティーブン・ホーキング

　　C 上田次郎

問 13 著者の次女と誕生日が同じ歴史的科学者の成し遂げた業績を以下から選べ．

　　A 一般相対論の発見

　　B 木星の衛星の発見

　　C ニュートン算の提唱

問 14 現在の宇宙にもっとも大量に存在しているものを以下から選べ．

    A ダークマター（暗黒物質）

    B ダークエネルギー（暗黒エネルギー）

    C 不満

問 15 ハビタブルプラネットとは何か．

    A 頼んでもないのにしつこく電話をかけてくる怪しげな不動産会社

    B 中国の病院で頭に怪我をした際に着用が義務付けられているネット

    C 液体の水が存在すると考えられる岩石惑星

問 16 「美女と野獣」に対応するもっとも適切な英語はどれか．

    A Beauty and Beast

    B Beauty and the Beast

    C Beauty and the Breast

問 17 満ち足りた研究者人生を歩む上でもっとも重要と思われるものを選べ．[*2]

    A 体力

    B 預貯金残高

    C 裕福な親類の有無

問 18 アメリカの試験答案で正解につけられるマークはどれか．

    A ○

    B △

    C ✓

[*2] 解は一意的ではない．

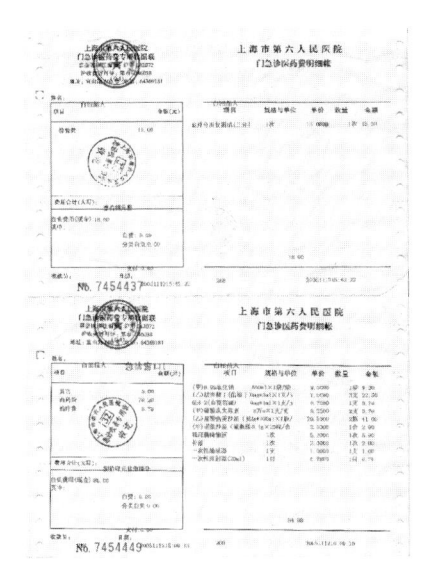

問 19 以下の領収書から判断される病名を答えよ．

A 豚インフルエンザ
B 後天性免疫不全症候群
C 食中毒

問 20 大阪人がメロディーをつけることなく音読できないものはどれか．

A 関西放送倫理委員会
B 関西電気保安協会
C 関西私立大学連合

問 21 アメリカでサンドイッチを注文する際，最初に聞かれるのは何か．

A 予算
B 今日の気分
C パンの種類

問 22 筆者がダークエネルギー研究の本質との類似性を指摘してもらったサイモン&ガーファンクルの名曲はどれか.

　A 4月になれば彼女は

　B サウンドオブサイレンス

　C オールドフレンズ

問 23 筆者の実家の最寄駅のシンボルキャラクター名は何か.

　A あきうたこちゃん

　B あなないナスビさん

　C ごめんえきお君

問 24 「暗黒エネルギー研究国際ネットワーク」という組織を支援してくれている団体は何か.

　A 日本学術振興会

　B 蛇頭

　C 太陽光発電振興財団

問 25 本書の編集担当者の名前としてもっとも適当なものはどれか.

　A T嬢

　B Tさん

　C 白田（仮名）君

ちょっと長いあとがき

　この単行本ができるまでのいきさつをくどくどと述べてみたい．2006年10月に東京大学出版会より『ものの大きさ』という宇宙論の入門的な本を出させて頂いた．そのとき（以来）の担当編集者が本書でたびたび登場するT嬢こと丹内利香さんである．その年末，丹内さんから「小会のPR誌である『UP(ユーピー)』誌の2007年4月号の東大教師が新入生にすすめる本というアンケートに何か書いて頂けませんか？」と頼まれた．

　正直そのときまで私は『UP』誌とは何かをほとんど理解していなかった．頼んだ覚えもないのに毎月送られてくる小難しい冊子程度の印象だった．毎年4月号の「東大教師が新入生にすすめる本」という特集には目を通していたと思う．しかしそれ以外はほとんど読むことなく，年末の大掃除時にまとめてちり紙回収という運命であったのだろう．したがって「あのような冊子を購読している人がいるんですか？」と，いつもながらの失礼な調子の質問をしてしまったほどだ．

　しかしその後，毎号○万部程度印刷しており，PR誌という性格上東大関係者や書店などに無償配布しているものの，約×人の定期購読者がいる，という事実を教えてもらい，わかりやすく言えばびっくらこいた．理系のまじめな教科書の場合，普通は△部程度しか印刷されない．つまり約10倍の人数の方の手元に届いていることになる．このようなやり取りの中で，「では時間がありましたら別の機会に『UP』誌にエッセイでも書いてみませんか？」というお誘いを頂いたのである．

私は陳腐ということを何よりも嫌っている．私でなくともできるようなことならば，できるだけやりたくない．逆に，何事であれ，やるからには他人にはできない／やらないようなことをしたい，というのが信条だ．これこそ私の体に流れている「土佐のいごっそう」遺伝子のなせる業なのかもしれない．そこでせっかくの機会なので思いっきり自由な文章を書いてみた．それが「海底人の世界観」である．ごく身近な知り合いの間だけとはいえ，これが予想外に受けてしまったらしい．これには本当に驚いた．

　そもそも私はおしゃべりである（ようだ．厳密に言えば東京ではそのように評されることが多いが，必ずしも自覚しているわけではない．大阪やイタリアに行けばおとなしい部類に入るはずだと思っているし，生まれ故郷の高知県ではむしろ寡黙な部類かもしれない．この方面に関する限り高知県のレベルは高い）．とくに，くだらないことをくどくどとこねくりまわして議論し倒すのが好きで好きで仕方がない．飲み会の席でその手の話題を提供し，それなりに盛り上げる重要な役目をはたしていることも多い．しかしだからといって，その手の内容のない話を文章にしたところで，喜んで読んでもらえるなどとは夢にも思わなかった．

　その次には，丹内さんから依頼があったわけでもないのに，岩手県けんじワールドに行った際に考えたことを「外耳炎が誘う宇宙観の変遷」として掲載を強要した．しかも宮沢賢治にあやかった思いつきの「注文の多い雑文　その二」という連番つきタイトルまで入れて，シリーズ化を既成事実化しようというせこい魂胆丸出しであった．にもかかわらず太っ腹の丹内さん（これはあくまで彼女の精神的側面を表現する形容詞にすぎず，けっして物理的な意味ではないことはいくら強調してもしすぎることはない．

それを証明するために彼女の写真を掲載したいところであるが，本人に強く拒否されてしまったため実現しなかったことは極めて遺憾である）は，それを編集長にかけあってなんと了承を取りつけてくれたのである．

　おかげでその後は，思いついたときに書きつづった雑文を3カ月に1本程度のペースで『UP』誌に不定期掲載してもらうようになった．私はいちおう科学者の端くれであるから，基本的には事実にもとづいた話しか書くことができない．その意味では，海外出張は考える刺激を与えてくれる貴重な機会である．「外耳炎が誘う宇宙観の変遷」「ガリレオ・ガリレオ」「一般二相対論」「オフリミット」はそのような例である．また，「目に見えないからこそ大切」「物理とカラオケ」「土曜の昼，午後三時半」は国内での貴重な体験をもとにした文章である．2008年9月には，丹内さんに『解析力学・量子論』という教科書の担当をお願いした．その本の宣伝をこめて書いたサブリミナル雑文が「レレレのシュレーヂンガー」である．

　最近では掲載号を40部程度頂き，30人程度の友人（＋通りすがりの10人）に自ら配り歩いている．このような地道な努力の結果，愛読者と称する人もじわじわと増えてきた．2007年6月の第1回掲載時，愛読者と称してくれる人はわずか1名しかなかった（ちなみに身内ではない）．2009年5月の第7回掲載時には私が直接確認しているだけで11名にもなっている．文字通り，うなぎのぼりというにふさわしい勢いだ．継続は力なり，下手な鉄砲も数打ちゃ当たる，という言葉がさりげなく頭をよぎる．2年で11倍ということは1年で3.3倍．この超低金利時代には考えられないような値である．リスクを恐れることなくぜひ

とも購入をお勧めしたい.

ちなみに友人 30 人程度に配っているにもかかわらず，自称愛読者が 11 名しかいない点をいぶかしく思う注意深い読者がいらっしゃるかもしれない．考えられる理由を大きく 2 つに分ければ，「私の友人は恥ずかしがり屋ばかりで面と向かって告白できない」あるいは，「私のほうでは一方的に友人と信じ込んでいるにもかかわらず先方は意見を異にしている」となろう．どちらが正しいのか私には知るすべはないし，知りたいとも思わない．世の中には，美しい謎のまま残しておいたほうが幸せな事実がたくさんあるものだ．知らぬが仏，恋人の二股，押入れのサルマタケ，厨房のゴキブリ，などなど，先人から受け継がれている数多くの優れた警句を忘れないようにしよう．

愛読者といえば 2008 年 9 月に H 島大学で集中講義をした際の飲み会での出来事はけっして忘れることはできない（むろん，忘れたいと思っているという意味ではない）．ややとぼけたような感のある男子大学院生から「先生が○×社から出版されている『△△入門』という教科書，とても良いですね．感銘を受けたので図書館で借りてすべてコピーしましたよ」とのお言葉を賜った．何のためらいもない，純粋な目をした学生であった．しかし世の中，純粋でありさえすればすべて許されるというものではないのダゾ．本当に気にいったのであれば「買わんかい．コラ！」コピーしましたと言われたときに著者が喜ぶとでも「思っとんのカイ」．

その直後，彼とは正反対に極めて利発かつ端整な顔立ちをした女子大学院生 S さんが隣にやって来て「私，先生の書かれている『UP』の文章のファンなんです」と耳元でささやきかける

のである.「えー,そうなんですか.でもどうやって読んでいるの?」と聞いたところ,「H島大学生協に置いてあるので,掲載号はただちに持ち帰るようにしています」との返事.フムフム偉いじゃないか.彼女は卒業後,高校の先生をされている.さぞかし立派な先生になっているに違いない.

　でもよく考えてみると,やっぱりこの場合とて1円も身銭はきっていないわけね…….ただし,後日彼女は『UP』の定期購読申し込みをしてくれたのである.私の人を見る目は間違っていなかったことを確認した次第である（上述の男子学生とSさんに対する修飾句の違いをもう一度堪能して頂きたい）.

　ところで,私は2008年から2009年の2年間にわたって東大出版会の企画委員を拝命している.毎月の企画委員会での他分野の提案に対して物理屋の観点から「そのような内容の本を出版する意味があるのですか?」という「いごっそう」的問いを発するのが任務のようなものだ.しかしいざ自分の場合となると悩ましい.実際,出版する必然性があるとは思いがたい.単行本化の話を聞いた家内は「あんな文章はタダだから読むのであって,お金を払ってまで読む人がいるとは思いがたい.即刻やめるべきだ」と言い放った.さらには「ただでさえ中身がないと感じていたが,回を重ねるたびにくだらなさが増幅されているだけである」と,身内ならではの温かさがにじみ出た極めて率直な意見を述べてくれた.説得力に溢れたコメントであることは素直に認めよう.

　しかし,たまには東大出版会からそんな本が出てもいいではないか.少なくとも陳腐という言葉からはかけ離れている.ひょっとするとこれを機会に「東大出版会は軟らかい本も出すんだな

あ」と感じて頂き,さらに血迷って膨大に積み上がっている在庫の一部を購入してくれるような新たな読者層を開拓できるかもしれないではないか.あきらめて何もしない人生よりは,チャレンジして失敗する人生のほうが後悔することがないはずだ(もちろん,失うものは比べようがないほど多いのだが).がんばれよ,東大出版会(でもこの本の出版後私が企画委員を解任されたならば,東大出版会は本当に後悔したという意味であると解釈してほしい).

さてこのあとがきからも理解して頂いたように,本書はT嬢こと丹内利香さんの存在なしにはあり得なかった.たとえ少数であろうとこのような雑文を喜んでくれる人がいることを教えてもらった恩は忘れようとしても忘れることはできない(ちなみに忘れようと努力しているわけではない).万が一この本で私が芥川賞を受けるような事態にでもなれば,授賞式の際に開口一番「私を発掘してくださった恩人はT嬢です」と宣言することをここに公約する(起こり得ない仮定のもとならば人間何でも公約できるものである).

本書は『UP』誌に掲載された9編の雑文に加えて,2編の書き下ろし,さらに他の場所で発表した文章3編をまとめたものである.単行本化に際して,いずれもかなり手をいれて修正した.とくに『UP』誌では紙面の関係で紹介できなかった関連写真や私の家内によるイラストを意味もなくふんだんにとりこんである.これらの加筆・推敲は,とくにプリンストン大学に滞在した2009年11-12月の夜と週末(正規の労働時間外であることを強調しておきたい)に行った.このプログラムに推薦してくれた同大学デイビッド・スパーゲル氏とエドウィン・ターナー氏に

感謝したい．私が滞在中に夜な夜なこのような内職をしていたとは彼らは当初全く予想できなかったはずだ（後で自ら告白し，このような機会を与えてくれたことを感謝しておいた）．また推敲に際しては，私のかつての学生で私が滞在中には日本学術振興会海外特別研究員としてプリンストン大学で研究を行っていた日影千秋氏の奥さんである美穂子さん（しかし異様に長い修飾語である）にとても御世話になった．以上の方々に心からお礼を申し上げたい．

最後にこの本に収められた話題を提供してくれたり，一部の文章にイニシャルで登場してくれたり，さらに驚くべきことに写真で素顔をさらすことまで快諾してくれたりした皆様を列挙し感謝させて頂きたい．（敬称略）：石塚裕美子，井上奈保，岩崎毅，エリック・リース，生出勝宣，河原創，栗本猛，小松美加，堺井恵子，佐々木陽子，佐藤勝彦，白田晶人，景益鵬，須藤茜，須藤千歳，須藤翠，田中春美，ティエリー・スーズビー，中丸典子，長村紀都，西道啓博，原真美，藤井友香，矢幡和浩，山崎由子，横山和子，横山順一．ただしこの場で実名を並べられることを喜んで頂けるのか，むしろ不名誉と思われるかは定かでない．事実ここで実名を出させて頂いた方の一部からはすでに，自分の住居地近辺の図書館に必ず購入リクエストを出しておくという温かい励ましのお言葉まで頂いている．自費ではけっして購入しないゾという強い意志表明と受け取るべきなのであろう．

2010 年 1 月　　須藤　靖

初出一覧

基礎編

海底人の世界観
「海底人の世界観・反論・言い分」,東京大学出版会『UP』416 (2007) 6月号,16-22 ページ.

外耳炎が誘う宇宙観の変遷
「注文の多い雑文 その二:外耳炎が誘う宇宙観の変遷」,東京大学出版会『UP』423 (2008) 1月号,45-49 ページ.

都会のネズミと田舎のネズミ
「注文の多い雑文 その三:都会のネズミと田舎のネズミ」,東京大学出版会『UP』427 (2008) 5月号,36-40 ページ.

ガリレオ・ガリレオ
「注文の多い雑文 その四:ガリレオ・ガリレオ」,東京大学出版会『UP』431 (2008) 9月号,42-47 ページ.

レレレのシュレーヂンガー
「注文の多い雑文 その五:レレレのシュレーヂンガー」,東京大学出版会『UP』434 (2008) 12月号,24-31 ページ.

一般ニ相対論
「注文の多い雑文 その六:一般ニ相対論」,東京大学出版会『UP』437 (2009) 3月号,36-43 ページ.

ニュートン算の功罪
「注文の多い雑文 その七:ニュートン算の功罪」,東京大学出版会『UP』439 (2009) 5月号,15-23 ページ.

目に見えないからこそ大切
「注文の多い雑文 その八:目に見えないからこそ大切」,東京大学出版会『UP』442 (2009) 8月号,48-53 ページ.

オフリミット
「注文の多い雑文 その九:オフリミット」,東京大学出版会『UP』445 (2009) 11月号,44-50 ページ.

物理とカラオケ
書き下ろし.

応用編

　土曜の昼，午後3時半
　書き下ろし．

　高校物理の教科書
　「科学の面白さを伝えているか？」，『パリティ』**24**（2009）4月号，47ページおよび「高校物理の教科書は面白いか？」，『パリティ』**24**（2009）7月号，45-47ページをもとに加筆修正．

　東京大学大学院理学系研究科物理学専攻
　「理学系探訪シリーズ 専攻の魅力を語る 第6回 物理学専攻」，『東京大学理学系研究科・理学部ニュース』**38**（6），（2007）3月号，22-25ページをもとに加筆修正．

　天文学就職事情
　「大学での教育・研究をとりまく環境——東京大学物理学教室の場合——」，日本天文学会誌『天文月報』**99**（2006），97-101ページをもとに加筆修正．

写真・イラストの出典

　基礎編扉イラスト：須藤千歳氏

　「海底人の世界観」
　　図4：羽馬有紗氏

　「ニュートン算の功罪」
　　図1 中の月の写真：喜多伸介氏
　　図2：株式会社アストロアーツ川口雅也氏

　「目に見えないからこそ大切」
　　図1：ケプラー衛星ホームページ
　　　　http://kepler.nasa.gov/multimedia/
　　図2：田中壱氏

著者略歴

須藤　靖（すとう・やすし）
1958 年　　高知県安芸市生まれ．
　　　　　東京大学大学院理学系研究科物理学専攻博士課程修了．
現　　在　東京大学大学院理学系研究科教授．理学博士．
主要著訳書　『一般相対論入門』（日本評論社，2005），
　　　　　『ものの大きさ：自然の階層・宇宙の階層』（東京大学出版会，
　　　　　　2006），
　　　　　『解析力学・量子論』（東京大学出版会，2008），
　　　　　『宇宙は"地球"であふれている：見えてきた系外惑星の素顔』
　　　　　　（共著，技術評論社，2008），
　　　　　『ブックガイド〈宇宙〉を読む』（共著，岩波書店，岩波科学
　　　　　　ライブラリー 152，2008），
　　　　　『宇宙生物学入門：惑星・生命・文明の起源』（共訳，シュプ
　　　　　　リンガー・ジャパン，2008），
　　　　　『もうひとつの一般相対論入門』（日本評論社，2010）．

人生一般ニ相対論

　　　　　　2010 年 4 月 8 日　初　版
　　　　　　2011 年 2 月 28 日　第 2 刷

　　　　［検印廃止］

著　者　　須藤　靖
発行所　　財団法人　東京大学出版会
　　　　　代表者　長谷川寿一
　　　　　113-8654 東京都文京区本郷 7-3-1 東大構内
　　　　　電話 03-3811-8814　　Fax 03-3812-6958
　　　　　振替 00160-6-59964
　　　　　URL http://www.utp.or.jp/
印刷所　　大日本法令印刷株式会社
製本所　　矢嶋製本株式会社

ⓒ2010 Yasushi Suto
ISBN978-4-13-063354-3 Printed in Japan

R〈日本複写権センター委託出版物〉
本書の全部または一部を無断で複写複製（コピー）することは，
著作権法上での例外を除き，禁じられています．本書からの複写
を希望される場合は，日本複写権センター（03-3401-2382）に
ご連絡ください．

ものの大きさ	須藤 靖	A5/2400 円
解析力学・量子論	須藤 靖	A5/2800 円
アインシュタイン レクチャーズ @駒場	太田・松井・米谷編	46/2600 円
描かれた技術　科学のかたち	橋本毅彦	46/2800 円
知のオデュッセイア	小林康夫	46/2800 円
哲学者たり、理学者たり	太田浩一	46/2500 円
ほかほかのパン	太田浩一	46/2800 円
がちょう娘に花束を	太田浩一	46/2800 円
それでも人生は美しい	太田浩一	46/2800 円

ここに表示された価格は本体価格です．御購入の際には消費税が加算されますので御了承下さい．